U0933935

颉腾文化
JIE TENG CULTURE

全部生命系列

集体的失忆

Collective Amnesia

[美] 杨定一 / 著

华龄出版社
HUALING PRESS

图书在版编目（CIP）数据

集体的失忆 / (美) 杨定一著 . — 北京 : 华龄出版社 , 2022.8

ISBN 978-7-5169-2281-1

Ⅰ. ①集… Ⅱ. ①杨… Ⅲ. ①记忆—通俗读物 Ⅳ. ①B842.3-49

中国版本图书馆 CIP 数据核字 (2022) 第 096580 号

北京市版权局著作权合同登记号 图字：01-2022-2594 号

策划编辑 颉腾文化　　封面设计 卢峖嵘

责任编辑 貌晓星 董 巍　　责任印制 李未圻

书　　名 集体的失忆

作　　者 [美] 杨定一

出版发行 华龄出版社 HUALING PRESS

社　　址 北京市东城区安定门外大街甲 57 号　　邮　　编 100011

发　　行 （010）58122255　　传　　真 （010）84049572

承　　印 文畅阁印刷有限公司

版　　次 2022 年 8 月第 1 版　　印　　次 2022 年 8 月第 1 次印刷

规　　格 889mm × 1194mm　　开　　本 1/32

印　　张 4.75　　字　　数 63 千字

书　　号 978-7-5169-2281-1

定　　价 55.00 元

这本书和《我是谁》一样，是在宁静中透过口述转达出来的，等于是对之前的作品和练习的另一个层面的补充，也就是一体的层面。因此，你可能会觉得和之前的作品有所冲突。

可能有这样的冲突，是因为我透过多重的意识层面在谈同一件事。可以这么说，我相信这本书的读者是比较成熟的。所以，我在这本书会从一体的角度来谈，以表达究竟的真实。

然而，我同时也知道，许多人不光是看不懂，甚至内心会感到冲突和矛盾。对这样的朋友，我建议回到《全部的你》，依序一本本阅读、体会下来，这个矛盾才会解开。

此外，我要强调的是，这本书写作的目的，就像《我是谁》一样，很简短，适合作为随身的指南，帮助你对照自己对真实、对领悟的理解。不仅如此，我相信对任何遭遇创伤、失落、绝望、忧郁、沮丧的朋友，都会带来很大的帮助。只要你用“心”去参、去体会这本书的字句，会发现这本书和前面的书所带来的观念是最好的心理治疗。

我的建议是：其实你不用相信这里的任何一句话。因为头脑读到一体的观念，一定会反弹、抵抗，只有心才可以接受。

我最多是鼓励你——既然每一章都很短，不妨用心来读。

读完后，静下来自己探讨、参这些话，用个人的体会来验证或推翻。这样子，这些信息才能真正落到心中，与个人的生命和体验结合。

比起相信，这是更重要的。

序

把一体带回人间

我们集体失去的记忆，其实是——一体。

一体是我们生命的本质，你我从来没有离开过，也不可能离开。应该这么说，没有一体，其实没有生命。最不可思议的是，我们竟然把一体、本家忘记了，反而透过局限的脑陷入一个角落。

把一体找回来，是我们这一生要做的。

人类经历的一切历史，包括个人的人生，在整体其实只是一个不可思议小、不成比例小的可能。

我过去从事科学研究，常用小白鼠来作比喻。小白鼠住在封闭的笼子里，认为笼子就是它的全世界。而笼子外，是它完全看不到的。它不知道外面的可能，也不知道还有什么东西存在。它所谈的自由的世界，本身也只是在笼子范围内所活出的自由。

我们的人生，其实也是如此。

反过来要问的是：我们本来是活在每个生命都有，一只动物、一朵花、一颗石头都有的一体，怎么可能就这样陷入一个局限的小角落？还称它为“人生”“人类的文明”？这才真的不可思议。

所以，把我们失掉的记忆找回来，其实只是把一体带回人间。

与我目前为止的其他作品相较，《集体的失忆》有很明显的不同。

我从《真原医》开始谈身心的平衡与健康，在《静坐》介绍静坐的方法，希望大家得到意识的转化，从身心走到意识的层面。接下来，透过“全部生命系列”的作品，我特别强调生命的整体，进入无色无形与“在”，希望从狭窄的现实世界，一起体会生命的永恒。

《全部的你》详细解释了时—空的观念，特别强调时间其实是头脑的产物，也透过许多实例，说明头脑的运作如何建立时—空的观念。一个人要体会生命的永恒，一定要活在当下。而且，活在当下，并不需要头脑的作用。

《神圣的你》进一步将这些理解与人生做一个整合，希望每一个人都能活出生命的全部潜能，自然找回生命的神圣，并透过每一个瞬间，体会到神跟自己从来没有分手过。

在《不合理的快乐》，我以科学的语言进一步探讨“快乐”这个主题。在建立一套快乐科学的同时，我特别想强调的是——再先进的科技与知识，都不可能带来快乐。我们只有完全跳出人生的限制，才可能突然体会到无条件而永恒的快乐，也自然会发现它本身就是我们生命的本质。唯有契入生命本质的快乐，你我才可能发挥全部的潜能，而这潜能远大于我们任何人的想象。

至于如何落实？如何练习？我在《全部的你》与《神圣的你》以很多篇幅来介绍“臣服”，并在《不合理的快乐》开始强调“参”，还大胆地提出“参”

与“臣服”，是两个最直接的法门，让我们可以活出一体。

由于深怕不够清楚，也为了解答练习可能的疑惑，我又进一步透过《我是谁》将前面提出的观念再做一个整合，从不同的角度切入，希望能作为一个练习的随身指南。

《集体的失忆》则是想探讨生命的源头，这是在文明发展中被我们逐渐遗忘的。也许你听到这个书名，会以为我要追溯一连串最古老、不为人知而被史书遗忘的史实，来解释人类最早期的发展，甚至以为我要谈宇宙的记录（也就是俗称的阿卡西记录）。

其实，都不是的。

在这本书里，我会把在前面作品中提出的观念，再进一步推展开来，带着你我回到一体，站在一体的层面来看人类的生命。

一体意识，我们每个人都有，只是人类透过文明与文化的重重建构，把它遗失了。所以，谈集体的失忆，其实是想谈人类最原初的心理状态，希望建立一个理解的基础。这一理解是我们本来就有的，最多也只是需要有人提醒，让我们想起来。

就像我用《真原医》的书名描述最原始的身心健康观念，表达我们每个人本来就知道、都有过的状态。《集体的失忆》一方面可以说是恢复“真原记忆”，也就是人类最原初的记忆；另一方面，则是谈“人类的坠落”“失落的人心”（The Descent of Mankind 或 Lost Humanity）。

到了现代，人类可以上太空，也可以透过信息的革命实时获取从古到今的所有知识。人类文明的发展，可以说是不容忽视的壮观。然而，这么伟大的发展反而遮蔽了生命最根本的本质，让人类的生命从本来最圆满的状态，变成严重的疾病。每一个人都那么不快乐，把生命活成一个问题。

人类任由文明的发展，把生命从完整的境界，扭曲压缩成一个狭窄的绝望，甚至成为每个人随时的心理状态，这是相当不可思议的。

可以想象得到，一个人要解脱，要跳出人类的状态（human condition），从而超越人类的特质（human quality）。这是我希望透过这本书直接切入的重点。

然而，想不到的是，人类可以借用头脑，来跳出头脑——运用头脑带来的危机，将这一困境本身转化成人类解脱、超越、提升的最大机会。让人类发达和聪明的头脑成为一个解脱的工具，帮助你我共同找到——回家的路。

回到生命的本质，回到存在的家。

人类发展至今，没有第二个时点比现在更成熟。我相当有把握，每个人都可以透过头脑最强烈、甚至极端的分别与比较（也有人称为“二元对立”）找到生命的一体。如果不是抱着这种信心，我不会写下一本又一本的书，不断地以现代的语言和个人的体会，把过去大圣人的智慧带回来。

我过去的作品还是站在“有”的层面来看生命，虽然将生命的范围从“有”扩大到“在”，也就是从物质和形相扩展到生命的存在，但还是站在一个狭窄的“有”在看一切。

这本书与接下来的作品，则是要从“在”来看“有”。

一体或全部，其实是一个“在”的观念。它不是头脑可以想象，也不是头脑可以追求到的，最多是把头脑挪开，让它自然浮出来。

所以，谈到人类头脑分别的能力是解脱最大的机会，要谈的其实是——我们头脑的理性与分析能力发展到这么先进的地步，自然会发现人类所追求的目标——无条件的快乐、无条件的爱、无条件的光明与永恒，是永远追求不来的。

最多透过我们发达的头脑，做一个反转，让它自己停下来，而自然落到“心”。

透过这种反转，才有醒觉好谈。

这一点，除了人类，其他生命都做不到的。我最多只能鼓励大家要好好把握生命，把握这一次从父母、家庭、社会带来的种种业力所组合而成的人生。

虽然一切是个大妄想，但我们确实可以从这个大妄想醒过来。

正因如此,我才有勇气,再次带着你进入这个旅程。

目录

01

念头和语言怎么来的?

他受伤了，身上全是血，勉强爬上山壁，力气几乎耗尽。喘口气，回头看，老虎没跟来。往下看，柔弱的同伴和自己一样全身是伤，已经倒在地上，爬不起来。

老虎本来已经追着他到山边，转过身，对着他伤重无力的同伴，缓缓走过去。

他直起身大叫，想把老虎吓走。老虎没理会，继续慢慢前进。他坐起来，搬了石头往下扔，老虎也不在意。

他知道接下来要发生什么。

她最后一口气消失时，他好像也跟着一起死了。一种没办法忍受的感觉，变成声音，从身体最深的地方冒出来。像是痛，好像也是更深的什么。

他不知道。

他不敢动，在山壁上待着。老虎吃掉了同伴半个身子，叼起剩下的一半走开。他只能看着老虎和剩半截的同伴从视线里消失。

他觉得身上有个地方不对劲，不知道是什么。低头往不舒服的地方看过去，有伤口。用手去碰，又是一次无法忍受的感觉。

是痛，痛变成声音，变成喊叫。喊出来，痛的感觉轻了一点。

身子还是很重。

他望着天空，不知道又过了多久。

危险过去了，他慢慢爬下来，半蹲半爬半走，偶尔抬起头来看看、闻闻、听听周围，折腾好久才回到山洞。

非常疲惫，也就睡去。几天，也就过去了。

醒来，很饿。胸口也很闷，不知道闷的是什么。饿，比任何感受都直接。他起身去外面找点东西吃。

他走出山洞，看见天空，看见土地、树，觉得和自己都一样。

看到、感觉到的一切，又回到原本没事的状态，和眼前的一切都是一样的。前几天的痛，痛过了，喊过了，结束了。

为什么那么痛，不清楚。

他没想过那么多，也不知道自己的存在是什么，和大自然的一切都一样。饿了，要吃。渴了，要喝。累了，要睡。有异性吸引，就交配。

要说和大自然一样，一样什么，也不清楚。

整个大自然，他都可以去，都可以是家。

只是，他没想过那么多。

几万或几十万年前，最原始的人类，大概就是这样子。

最初，人和动物没什么差别，最多只是手很灵巧，比别的动物聪明一点，甚至还可以主动去思考，自然发现单独生存不如结群生活。毕竟，求生存才是生命最大的动力。每一只动物，就连植物都会努力生存。

生存，就是“我”最初的起步。

群居，自然需要和其他人沟通。拿什么沟通？也只是没有意义的喊叫，最多再加上手和身体的直接表达。多做几次，发现可以用不同的动作表达不同的意思。再成功几次，这一套身体的动作也就教给了别人，成为群体共同的沟通工具。

在沟通的过程，一个人用手指着自己、指着对方，“我”的念头甚至“神”的观念，也就逐渐成形。

突然间，发现每个动作可以再配合一个声音。原本声音只是没有意义的喊叫，然而动作加上一个不同的声音，在群体间自然更容易区隔。

语言，就这么产生出来了。

进一步，自然发现，语言（单纯声音的表达）可以取代动作、代替物质。更大的突破是——连感受，比如看见同伴被老虎吃掉，从身体最深处发出的痛，都找到了语言可以表达。

再进一步，透过语言还可以为感受区分出不同的层面，如身体受伤的痛和心里的痛不同。同时发现，语言可以表达得越来越细微、越来越抽象。

在生活中，也自然发现很多状况，也许是野兽的攻击，也许是天气的变化、生病、好吃不好吃的食物……这些是会重复发生的。

这一来，时间的观念也就生出来了。

人为这些事件区隔先后顺序，透过语言把过去的状况调动出来，这就是学习。透过学习，人学会了预防或筹备未来类似的状况。

跟着时间，跟着念头，人也就生出了烦恼。

所有的概念都可以同时用语言和手指作为指标，指出“我”，指出“你”，指出别的。而“我”是烦恼最直接的来源。“我”的感受、“我”的生命、“我”的身体、“我”的状况、“我”的问题……全部的概念，无论是眼前的物质或心里抽象的念头，都可以再加上“我”作为区隔，这又带来了一层意义。

人生的价值或意义，就是这么衍生出来的。

“我”本来是一个抽象概念，却从一个知觉的过滤网有了单独的生命。

“我”就这么活了起来。

突然，念头也因此成为我们最即时的知觉。头脑的念头变得凝固，就像真的一样。人类透过念头和语言，塑造出自己的存在。

只是，他不知道这个存在是透过念头所组合的。

02 因—果离不开时—空，而时—空是头脑的产物

发达的头脑，是人类专属的架构。

前面稍微点到，动物、植物，甚至最原始的人类，时—空的观念还没有那么强化，反而最接近一体。

也就是说这些生命随时都存在或“在”。但并没有一个“在”或“存在”的观念。同时，也没有隔离的“你”“我”的观念。随时，活在当下，但是连当下的观念也没有。

对这些最原始的生命，当下是生存的延续。至于是透过什么来延续，没办法观察到，也没办法体会。

拿前面的老虎来谈，它全部的生活、“在”最多只在支持生存。而生存最多只是吃饱、维护这个身体。吃饱了，也就是休息、排泄。累了，自然就会睡觉。

决定它的行为的，也只是身体的需要。

但是，连谈这些，都还是我们透过人类的眼光在分析。老虎并不需要想那么多，甚至想不了那么多。

它每一个动作，最多只是延续它的生命。连整个物种的生存，也和它不相关，它也不在意。它会交配，母的老虎会照顾后代。在群体生存的角度来看，这些行为似乎很重要。但就这个个体来说，这些行为和它根本不相关。对老虎而言，生命根本不是问题，不过就是满足身体的需求。

甚至，遇到危险、死亡，也就是那个刹那，那个瞬间，做一些反应。接下来，走了，也没有事。

最原始的人，本来也是这样子，单纯为存在而存在，没有为什么而存在，或其他的顾虑。死亡，最多也只是一个事实——“不存在”。

生命是单纯的、简化的。

接下来是头脑来延续，产生一连串的问题。

人类发展到后来，自然把生存单纯的延续，透过念头和记忆连贯成一个个片段的组合，也就变成了人生的故事，而且人人不同。但是，没有人发现，只有每一个瞬间（当下）是实在的，瞬间与瞬间的所有连结都是念头虚构的。可以说，现代人是活在一种虚构的现实里。

人和动物相同的地方在于——都有空间和距离的观念。然而，只有人类后来比较发达的脑可以产生时间的分别。

一般的动物只能在空间里定位，人类则增加了一个坐标轴，可以在时间的先后顺序上表达得更精确。无论空间或时间，透过点与点之间的比较，顺着二元对立的逻辑，才能够将某一个点从所有的点中突显出来。

此外，我们人透过观察，认为你我都有共同的体验。比如说，我们眼前可以看到椅子、桌子、人，自然让我们认为有一个客观的现实存在，而且还以为这个客观的现实与头脑的作用不相关，光靠自己本身就能存在。

不光人与人之间有共同的体验，人和其他生命也有共同的知觉范围。例如我们看到野兽存在，而野兽也看到我们存在，甚至会来吃我们。人类在演化中求生存的过程，自然会加强客观现实的重要性，让我们认为任何事物都是一个个的个别存在。也自然会认为人生可以体验的一切、所有的物质和现象都是独自就可以成立的。

我们很少会进一步观察到——所谓个别的存在，甚至看起来独立的生命，其实也不过是从局限的五官接收的片段信息延伸出来的。

不只如此，头脑二元对立的架构，带来相对的观念，把整体局限成一个小部分，在空间的维度上造出一个虚拟的分别现实。

显然这对人类还不够，我们还要再透过时间这样一个虚拟的架构，叠加在这个虚拟现实的上头。

时间再加上空间，自然让我们产生一个变化的观念。比如说，从家里到公司，假如没有时间的先后，根本没有一个路程好谈，最多只是单纯的距离。

再把路程的观念扩大，变成人生来看，我们同样可以把人生的故事描述出来。透过时间，生–死的分别，也就自然衍生出来。有出现、有消失。有生、有死，也就自然把样样定为无常——无常的现象、无常的状况、无常的人生。

人生唯一的常态，是变化。而变化，本身是离不开时间的观念的。

时间自然变成我们理解这个世界很重要的一部分——没有时间的轴，我们看的世界不完整。有了时间的轴，我们人类的体验也就突然和动物区隔开来了。

我们根本不会想到，任何体，任何看似独立的存在，都是头脑所投射出来的，一样离不开时间的观念。粗重如身体、人体、群体，或者微细如情绪体、念头体、知识体，甚至包括一体，只要头脑可以想出来的一个“体”，有生，一定会死，早晚会消失。人类所建构的一切，再辉煌灿烂的成就，也注定会消亡。

任何体要存在，自然要有一个“因”，也自然有一个“果”。本身离不开因—果，因—果本身也离不开时—空。如果没有时—空，其实就没有因—果。

会这么说，是因为时间的观念能够产生一个先后的顺序。发生在前面的自然变成因，而后面的自然变成果。再用从家里到公司的例子来谈，正因为有“离家出门”的因，才有“到公司”的果。这么一来，人和人、事情和事情、人和物的前后或因果顺序，也就定出来了，而可以把这些现象连贯起来，当作我们人生的故事。

但是，我们通常没有注意到，连这个连结，都是头脑的产物。

我们往往体会不到只有“现在”存在。

可能发生的一切，都出现在“现在”。只有“现在”，涵着可能发生的一切。

“现在”虽然涵着一切，也只有“现在”存在。但透过时间来安排先后，让我们能更精确地指定、描述某件事、某个人、某个经验，甚至产生“学习”，从而更能区隔好的经验与不好的经验。好的经验我们希望能够重复，而坏的经验无论如何都要预防。无形当中，过去和未来虽然是虚构的，但就这么和现在分不开来。

也就这样子，不光产生经验，还透过这些经验再进一步延伸、强化“我”。

“我”本身也是所有的痛苦与烦恼的根源。不光时-空、经验、因-果是虚构的，都是头脑的产物。甚至，连“我”还只是头脑的产物，一样是虚构的存在。

虽然这么说，人间的一切离不开虚构的“我”——“我”的经验、“我”的本领、“我”的故事、“我”的世界……

时间，这样一个由头脑所建立的先后顺序，本来是一个虚构的现实。但是这个对照比较的程序反而自己活了起来，变成了“真实”。

我们哪一个人不是随时活在过去，或随时活在未来？

站在一体，时–空只是无限可能性的其中一个可能，从比例上来说，小得完全没有代表性，我们甚至可以称之为幻觉。

但是，从人间的角度来看，时–空成了我们的唯一——唯一的可能、唯一的现实，让我们排除了其他所有的可能性，还放大成人生的一切。

这才是最不可思议的。

03
人类失衡的发展

前面提过，时—空是头脑的产物。

没有头脑，不可能有时—空。没有时—空，最多只有当下。

头脑最立即的产物就是过去和未来。透过头脑的运作，我们每个人不断地活在过去，也不断地为未来规划。

我们把头脑当作人类最伟大、最宝贵的资源，视为人之所以为人的主要特质，也自然让头脑的发展和演化作为人类文明的指针，而在科学、科技和其他领域不断地追求。无非是希望透过这些追求，可以找到身为人的全部潜能。

谁能想到——人类越是往外追求，越走到前面提过的极端不均衡。

反过来，没有头脑的区别，人类其实还是可以生存，甚至可以生存得更好。动物、植物乃至矿物没有人类的头脑，随时都处于“在”的状态，与一体意识完全分不开，不可能会被这个世界、周边、别人或自己所困扰。

我们首先要认识到——头脑本身就是在一种不均衡的状态下运作。

千百万年来，我们不断地发展、抬高左脑带来的理性、分别与分析。这些作用从来没有离开过比较的逻辑，凡事包括样样东西、事情、念头、理念都要相互对照一番，也就是前面所讲的二元对立。

然而，左脑其实是萎缩的逻辑，是把整体分割成一个个越来越小的体，小到人可以理解为止。右脑则刚好相反，是扩张的逻辑，就像一张全息图，从每个角落都看到整体。透过右脑，我们随时回到一体，回到整体。

假如我们说左脑体会的是部分和相对，那么，右脑体会到的其实是整体和绝对。左脑把世界局限成一个个角落，右脑是从一个个角落打开到整体。

左脑讲究生存、累积、竞争、占领——把物质当作一切，自然会重视对物质的追求；而右脑反而知道——从一体的角度来看，物质所带来的生存、累积、竞争、占领根本无关紧要；生命最多只是彼此分享、整合与合一。

其实，是透过左右脑的共同作用，我们才可以在人间活得完整。但是，很不幸的是，人类千百万年来偏重左脑的境界，把物质所带来的生存、累积、竞争、占领当作我们的目标与核心价值，而决定了人生的重点。

同时，因为环境不断地变化，而人不断感受到危机，也就一直刺激左脑的理性和逻辑来克服生存的问题，而使左脑极端地发展，自然不给右脑任何发展的空间，而压制了右脑的潜能。

最后的结果是，我们每个人都活在不均衡的头脑的状态，也就是几乎全以左脑为立足点来面对这个世界。谈人类的文明是不均衡的发展，非但一点也不为过，甚至，这种不均衡已经严重到让每个人都活在一种疾病的状态，忘记了什么是健康，失去了本来的均衡与圆满。

或许你读到这里，已经觉得自己明白了注重物质的危险。然而，我要谈的不只如此。这里所谓的“物质”，其实延伸到任何现象、形相，甚至包括由念头所构建的念相（thought-form）。

头脑的注意力离不开物质，仔细观察，念头的根源和我们人的五官所产生的信息分不开，非旦信息或知识离不开物质，就连情绪和感受也都和物质紧密相连。所以头脑得到的任何产物，包括念头、思考，甚至理念、理想一样离不开物质的层面。

站在这个基础上，我们对这世界的所有认识，包括可以看到、听到、闻到、触摸到、尝到、体会到、想得到的一切，都离不开物质的作用。甚至心理的萎缩，也自然固化成人类生存的常态。

从古到今，人类都离不开这个困境。

04
个体化的世界

在所有的生命中，只有人类不快乐。

少数动物的不快乐，也是人类制造出来的。也只有人，把生命活成一个问题，甚至是一连串的大问题、小问题，解决问题还衍生出更多的问题。不只为个人制造问题，也给周边带来更多问题。

对你我而言，解答种种的问题，自然变成我们人生最大的目标。

这本书探讨集体的失忆，也是来找回我们的记忆——

从哪里开始不快乐的？

为什么人类集体发展到最后，会变成那么不快乐？

可不可能在最早期，我们本来是快乐的，跟其他生命都是一样的？

针对这几个问题，答案相当清晰——我们不快乐，是从个体化（individuation）开始。

我们从整体化分出一个个体，而个体自然产生“我”“你”“他”隔离的观念。接下来，也就这样子确立了人类的文明。

几十万年来，人类的所有发展都凭着个体化的过程而来。人类不断追求个体的力量、发挥个体的潜能、实现个体的理想、强化个体的兴趣、得到个体的享受、延伸个体的优势、达到个体的快乐。

没有个体的观念，其实也没有人类的文化、创新和发展。

我们谈的所有价值观念，即使是创新、聪明、审美、身心满足的层面，一样都离不开个体化。

也就是说，人类累积的全部价值观念，同时离不开“我”的创新、“我”的聪明、“我”的美感、“我”的满足。个体的价值观念，成为家庭、社会、国家乃至全人类价值观念的基础。

可以想见，个体化如何成为人类演化的方向与动力，千百万年来，更成为人类集体的动机。人类的发展，始终离不开如何把个体化发挥得淋漓尽致。

谈人类的演化，同时也是在反映头脑的演化。头脑的演化离不开个体的延伸，不断地评估衡量个体的势力范围。仔细观察，我们人类所创造的一套逻辑，无论是比较、分别、分析，最多也只是让个体化落实得更彻底。

从历史的角度来说，个体化其实是比较西方文化的产物，无论科学、技术、艺术、政治、文化……任何角度都一样。我们大可用“个体化”一词概括西方文化的发展。西方的自由观念，也一样离不开个体化的思想。

所谈的自由，当然是个体的自由。

然而，因为人类历史就是一种极端个体化的过程，也自然强化人与人之间、甚至人与世界的隔离，让这种隔离变成人类理所当然的特质。

我们一生出来，从家庭教育，一路到学校、进入社会，也会发现任何追求或成就都离不开这种隔离或个体化。它当然成为人类最基本的特征。

同时，透过不断地加强个体化，自然加快我们的生活步调。因为现代生活步调极端地快（科技发展也只是让它更快），我们也自然把时–空从头脑的产物变成坚固的架构——样样都要符合效率或顺序，都有一个运作的步调。日益加快的步调让我们喘不了气，让我们随时累积压力，因而自然把样样看成问题。

而且，全都是要快速解决的问题。

由于要达到个体化——个体的理想或完美，要有一个前后的顺序，不能混乱，我们也自然不断地认为要有许多预备作业，才会有一个良好的结果。这么一来，自然强化我们的制约或因–果的观念——认为样样都有个因，而样样都会带来一个后果。因–果都具体得不能再具体、再坚固了。

有了因–果的观念，也自然让头脑将“过去”透过记忆在脑海中随时调出来，而透过重复的比较和分析，达到学习的效果——倘若过去所调出来的资料，在我们的认知中是问题，自然就希望未来不要重复、下一次可以改善、不要再成为问题，甚至最好得到一个更理想的果。

透过头脑对“过去”种种的整理，我们也自然会顾虑到未来，而投射各式各样可能的情境。于是，我们不光是期待，还可以预防不好的结局。

倘若我们和其他生命一样，头脑的运作不那么强烈，其实也就没有过去，更不用谈未来。

所以，时—空的观念，本身就是人类主要的特质，才让我们有所学习，有一个人生好谈。

不光如此，人也懂得透过语言和文字把过去记录下来，并称之为人类的历史与文化。认为透过它们，可以把人类的记忆找回来。这一来，当然认为人生的所有知识，都可以透过历史累积而不可能有所遗漏。再加上科技的发展、因特网的便利，我们还可以在最短时间把它调出来，仿佛人类的全部历史就在手指的拨动里。

未来，我们还可以期待个体化带来更多生活上的方便，效率更为提升——知识可以不断地追加，存储知识所需的空间可以不断地缩小。精益求精地个体化，让我们不光物质越来越准确，语言的表达也越来越精准，可以充分表达个人的所有感受与体会。

毕竟，我们进入太空时代了。

前面所描述的经过，我们会当作是人类自然的发展，也觉得这就是进步。

我们几乎不会想到，人类在这个过程中其实产生了一个相当不均衡的状态，而这个不均衡是极端的。更想不到的是，这个表面合理的人类发展，就是我们全部烦恼的根源。只会让我们越来越不快乐，甚至造成极端的不快乐、极端的疏离——你我、人与人、人与世界、人与生命之间不断地疏离。

不快乐，就是这一人类发展的副产品。

从古到今，所有大圣人所强调的解脱，谈的都是合一。个人与生命、与宇宙合一，也就是和个体化完全相反的方向。最后，头脑不光要与心合一，甚至要落在心，是让心把脑吞掉，人类才可以完全解脱或醒觉。

所以，我们应该问的是——

没有头脑带来的个体化，还有人生好谈吗？

我们在世间可能生存吗？

人类透过文明的发展，最后的目的是什么？

没有个体化，可能完成人类最终的目的吗？

这些问题，就是我想在这里和你一起探讨的。

05
只有一体

牛顿第三运动定律（作用力—反作用力），本身就可以拿来解释因—果。因果法则的不同在于，它是主观而非客观的法则。因为可以观察到因果法则的观察者，本身还是由因—果组合的，还是虚的，没有实质，是头脑的投射。

这一点，我们任何人平常都想不到。也就是说，被观察的东西和观察者，再加上观察的动作（观察的过程）都是由因—果所组合的。它建立了一个独立而由自己来证明自己存在的现实。也就这样，因—果的组合不光骗了我们一生，还骗了人类整体千千万万年。

我们假如去分解每一个人、每一个东西、任何物质、任何念相，会发现什么？

最多是——都是空的。原子和原子之间的“空”，远远大于原子本身的“有”。甚至，原子之间的距离，比例上，就像星系中，星球与星球之间那么遥远。

往大的尺度来看，星系的组合是“空”。往最微小的尺度来看，原子、粒子的组合，也是“空”。

想不到的是，“空”虽然好像是“没有”，但“空”其实包括了一切，甚至存在于“有”中。其实，“空”不等于“没有”，我们最多只能用一体、整体或一体意识来表达。

一体意识和我们日常观察的意识不同。观察是把整体落到一个角落，透过头脑二元对立的架构，限制成一个头脑和五官可以理解、体会、解释、比较的小范围。一体意识则是一个最纯粹的觉知，在我们观察前就存在，最多只能用“在”“醒觉”“全部”来描述。

当然，古人称之为“空”。但是，用“一体意识”来表达，对现代人比较容易掌握。

也正因如此，过去会用银幕或背景来比喻。我们透过时-空造出的世界和人生，就像投射在银幕上而不断跃动的电影或前景，而电影的背景或银幕才真正蕴涵了足以展现生命的全部潜能。

没有背景、没有银幕，也没有前景。

其实，背景、银幕、前景都不是贴切的比喻，难免额外带出空间上的前后分别。

要表达一体，比较正确的词或许是“全部”，而不是“没有”。它存在于每一个角落、每一个部分，最多用“一”（One Self）来表达。

除了“一”，其实什么都没有。

事实上，二、三……都含着“一”。任何从“一”延伸出来的一个小得不能再小的部分，早晚也只可能回到整体，或者“一”。

再进一步，其实除了“一”，其他的一切都没有独立的存在，都要依赖头脑和五官才看起来好像存在。所以，过去醒觉的大圣人才说人间的一切都是幻相、妄想或幻觉，都是头脑的产物。

一个人忙碌一生，在动、在找、在寻，想从人间得到永恒的成就，其实是不可能的。无论多大的成就，也只像海面的一个波浪，牵动不了整体。

用同样的道理来谈因—果，其实因也是空，果也是空，都没有实质的存在。我们最多是用螺旋的比喻来描述物质是怎么来的。假如我们把空或一体用一个无限大的场来比喻，而用一个无限大的螺旋来代表这个场，螺旋的速度慢下来，过程中自然产生凝结的作用，而延伸出五官可以知觉到的物质。

其实星球、星系也是这样来的，也就这样建立了我们认知的宇宙。

宇宙的形状和存在，是透过五官才有的；也可以说，是透过五官而得到定义的。假如没有我们的五官，也就没有什么宇宙好谈。就算还有宇宙好谈，宇宙也会演变成完全不同的形态。

用同样的解释，倘若没有五官再加上头脑，不会有先后顺序，不会有时间，不会有“动”，更没有“创造”好谈。

“创造”的观念，是头脑赋予的。

我们认定的过去、现在、未来的事件，倘若没有五官来区别，其实是同时发生的。甚至，连“发生”都不存在。

没有东西可以真实或独立存在的理由是——

只有一体是真实，而一体本身是圆满，投射在每一个角落。

所以，只要能指出一个东西，本身就和一体做了一个区隔，透过二元对立才可以成立。从整体来看，只是虚构的存在。

这几句话，我们透过头脑绝对不可能理解，最多是透过宁静、领悟才能体会。

我们才会说，在人间体验的一切，可以说都是在虚构的局限里，成立的一个虚构的境界、虚构的过程。其实，我们从来没有跟一体分开过。

前面也提过，一体本身在每一个角落，从来没有不在过。

我、你、其他，其实全都是头脑投射出来的。样样现象与存在，无论石头、植物、动物、人，都同时在活出一体。都同时存在。

然而，是我们头脑带来一个局限，把一体局限到一个角落——我们的人生。让头脑以为一体被盖住了，于是认为一体不存在，也与自己不相关。

只有人有这个现象，透过思考的过滤网，把一体和自己隔离，同时创造出一个虚的现实——我们的人生。

也只有人，会把轻松的存在活成问题。

其实，没有什么叫存在。存在本身是头脑的投射。

更不用讲解脱，没有什么东西叫解脱。

其实，一切都是意识，是一体意识。在一体中，你要解脱到哪里？

它完全是自己包括自己，没有别的地方可以躲藏，不可能从它本身跳出来。因为可以去跳出、去躲藏的地方，只要我们可以想象得到，都还是一体的一部分。

这样子，能有什么叫解脱？

真要谈解脱，最多只是把头脑的过滤网（念头）挪开，让一体意识浮出来。

其实，连“浮出来”都只是个说法。一体从来没有离开过，也从来没有生过，甚至从来没有被盖住过。我们也许只能说——

透过头脑，体会或不体会到它。

谈解脱，我们本来就是解脱的。一切本来都是解脱的。所要脱出的束缚，最多也只是头脑的投射。因为人不知道自己是解脱的，才有一个解脱好谈。否则，哪有什么东西叫解脱。

谈醒觉，也是一样的。我们本来都是醒觉的，只是不知道。我们最多只能把——念头一挪开，让意识观察到意识自己——当作醒觉。

突然明白这一点，也就自然解开了人生最大的悖论。

06
这个身体，不可能开悟

从局限，也不可能跳到无限。

我们每个人都期待透过身体、透过头脑可以领悟、开悟、解脱、醒觉。

这其实是不可能的。

不可能，不光是因为——局限本来就走不到无限。局限的头脑可以产生的一切观念，都离不开局限，离不开制约，这本身也就是因-果的来源。任何可以想到、语言可以表达出来的，都还是在一个局限的范围。

最多，局限只可能完全被无限吸收回去。这样一来，所有矛盾也就消失。即使这一生没有解开，早晚也会被吸收回去。因为我们局限的生命和无限相较，根本不成比例。

说到底，局限的生命是从无限延伸出来，当然早晚会被吸收回去。

无奈的是，局限虽然从来没有离开过无限，但是我们永远没办法理解或表达什么是无限。

我们生命永恒的部分——一体意识，是不可能用语言表达的。因为我们头脑本身是透过局限才可以得出意义。

这么一讲，不光没有什么叫开悟——这个观念本身不存在，甚至，人生也没有什么东西叫意义。

生命要有一个意义、有个价值好谈，完全是我们头脑的投射。

站在一体，没有什么东西叫意义。

我们最多只能讲生命存在，至于为什么存在？

没有答案。也不重要。

但是，我们这些可怜的人类非要找出一个意义不可，为自己虚构的世界找一个解释，找一个存在的理由。一连串下来，又创造出一个人生的故事，再加上一个人生的理想，而到最后希望得到一个人生最终的解答，或解脱。

有些人会认为，人生最深的意义是帮助别人，或拯救世界。也有人认为人生最深的意义是累积物质、财富、名誉、地位、影响力。还有人认为生命最深的意义是拯救自己，得到解脱，再来帮助人类。

这一切，都还是人类头脑所投射出来的。

我们只要把自己和局限的时—空绑在一起，认为真有时—空这回事，自然就和因—果分不开。因为时—空和因—果是一体两面。没有时—空，没有因—果。没有因—果，没有时—空。

懂了这些，甚至可以看穿，而不再和时—空绑在一起。这本身，我们可以称为醒觉。

然而，其实没有过程可以称为醒觉。你要不醒着，要不没有醒。连醒觉这两个字都只是一种说法，这是最难懂的。

因为难懂，所以一个人还可以继续昏迷。

07

醒觉，
其实是跳出人类的特质

我接触过许多人，都希望透过修行得到改善。也许是从生病变得健康，生活的条件可以好转；也许是家庭关系变得和谐，可以找到陪伴一生的伴侣；又或者工作可以顺利，不用为物质烦恼，可以找到人生的目标——让命变得更顺。

这本身就反映了对真实的不理解。正因为不理解，才会有这种期待。

就好像一个人在做梦，梦到自己快溺死了，在梦中希望有艘船来救他。却不知道淹他的水、救他的船、快被淹死的自己都只是梦的一部分。

对人生，无论期待修行得到什么结果，还是梦。

修行是梦。可以得到的结果，也是梦。

这种期待，既不了解真实，也根本不了解人类——身体，本身就是业力的组合，就是要符合业力的运作。然而，业力有它自己的运转，非要完成它自己不可。任何时候，我们最多只能体会到运转的一小部分。

我们有限的感官以及念头，透过每个瞬间所能体会到的，是不成比例的小。我曾经比喻过，就像从钥匙孔往外看，只能看到一小部分。或者像舞厅里投射灯打出来的光，也只是照亮一个小角落。或者像绞碎机的强力马达在转，我们看到的，最多是绞出来的一点碎屑。

这个身体、这条命，是数不完的条件所组合而成的。是因为我们承认时–空，局限到时–空，而有业力。时–空和业力才更分不开。

其实，如果我们不把自己等同于时–空、肉体、身心，也就没有业力好谈的。一个人即使解脱，只要落在身心，也就自然会有业力。

假如我们知道这扭转的力量（业力）多大，就会知道——抵抗业力，一点用都没有。

我们落入这个时—空，最多只能顺着它走。所以，我才会谈臣服——面对瞬间的一切，让它碾过去、压过去、扭过去，不去反弹，不去抵抗它，这个力量反而会消散。

我们反弹，虽然是想抵消它的作用力，却反而承认了它是真的，而不断地增加了它的扭力。于是，这业力还会再来，让我们一次次地痛心。

修行，其实不是要成为一个好人、伟大的人、有用的人、有名望的人。

刚好相反，要成为一个什么都不是的人。

甚至，连什么都不是的人都不是。

过去人类的价值观念，想象得到的，都是制约，都是限制，都是业力的组合。

所以，要解脱，就要从人类的特质走出来。

要从人类的特质走出来，要看穿——任何人类的特质，都是我们透过过去的制约所累积下来的，跟一体根本不相关。

所谓人类的特质，反而是我们的束缚。

对任何人类的特质不再在意，不再追求，不再把自己等同于种种人类的价值，一个人反而自然会感恩、自然会包容。对眼前发生的种种，知道都是刚刚好，刚好是自己需要面对的。

不需要再额外去加一个好坏的标签。表面上再怎么困难或不好，心里也知道是刚刚好。表面上再怎么好，也是如此。对好、坏再也不用反弹。

有意思的是，一个人醒觉过来，生命确实会彻底转变。只是转变的内容和方向和我们一般人想的完全不一样。因为他接下来对物质和人生的转变再也不重视了。所以，这个外在的世界（人生）最多是充分反映出他内心的平静。周边的人看他，也就感觉到有一个彻底的变化。

但是，对这个修行者，没有变化好谈，没有承受变化的人好主张，更不会认为自己有什么转变。

他老早已经与生命合一了。

他不再是一个要有作为的人，最多只是活出他自己。这时候，他这一生所带来的业力其实没有消失，但再也跟他不相关。

他只是放松地让业力完成它自己。

这与人类或动物最原始的状态的不同在于，他完全可以自己做主。随时可以把头脑当作工具，用完了就挪开。同时，可以把生命简化到最原始、最单纯的状态。

08 你不是罪人

人类一个很独特的特质，就是道德，也可以称为真善美，本来是内心自然流出来的解脱的成就。

一个人解脱，自然就可以活出真善美。

对人类的发展，道德观念等于是一套指引，影响到数不清的后人，也自然让我们跟其他的生物区分开来，而同时成为我们行为的指南。

一个人活出真善美，自然为我们带来宁静和平安，让这个社会更和谐。从真善美衍生出来的道德观念或基础，无论在东方或西方，都让社会可以永续存在。

不幸的是，基于这些基本的道理，后来的人衍生出一连串的规则，把内心自然流露的特质化为一种规矩、一种框架，来禁锢一般人的行为，甚至不断地判断对错。

不光如此，还划分出一套上下尊卑的社会阶级或种姓制度，定下更多的行为规则让人遵守，甚至随时评判一个人的品行。

“人”的存在，就因着能不能被民族和社会所接受，而更进一步地被压缩，造出一个所谓的“正常”。

违反这个“正常”，就会被社会排斥；违反得再严重一点，就会受到处分。

罪的观念，也是这么产生的。

没有一个人逃得过这个情况，我们一出生，就受制于千百万年的道德判断，让我们承受“罪人”的重担。

在这社会活得越久，这观念也就越凝固，而让我们活得更为沉重。于是，谈到解脱，每个人都认为不可能。即使可能，也要先洗清过去种种的罪。遗憾的是，就连宗教都在鼓励行为的制约、强化罪的观念。只是，这都不符合生命更深的道理。

坦白讲，无论多严重的罪，还是人为的判断，是头脑的产物，而且是相对的，因时空背景而不同，没有什么绝对的标准。

一个人解脱，其实跟自己或别人认为有罪、没有罪一点关系都没有。

只要一个人真心把罪的观念或任何制约挪开，人自然进入一个无思无想的状态，也就是心更深的层面。

有时候和一般人想的刚好相反，一个人心中有罪，觉得自己过去做过错事，只要很诚恳地忏悔，自然会发现自己其实更迫切地想要得到解脱。

这种急迫感本身就是一个最好的恩典，让人可以完全投入灵性的旅程，而带给自己一个重生的机会。

过去业力很重的人，透过解脱，往往会加倍的慈悲，而更能包容、容纳、原谅别人，不会用同一套标准去评判别人。反过来，很多认为自己清清白白，而可以去定别人罪的人，无论修行多久，最后还是要做一个大的反省。

这种道德上的评判，不光是制约别人，最可怕的是还不断地制约自己。

我发现，我们修行越久，道德的是非判断也更坚固，反而越难跳脱这些观念的限制。

我才会说，不要在意别人说什么，对你有什么判断。重要的是，先把自己的真实找回来。最多只是活出真实的你、活出诚恳的你，一切也就消失了。你认为的罪，也就全部都洗清了。

更不用说，什么是罪人？什么是罪？定罪的人，又在哪里？

09
面对一波波浮出来的业力

在醒觉的旅程中，有时候命不光是没有好转，甚至业力还会加快地浮出来。

这其实也符合一个根本的法——修行本身带来净化，让过去种种的阴暗浮出来，而让我们看穿。看穿，最多也只是不反弹，让过去的业力完成它自己。

只要反弹，我们也就等于提供了一个相反的力量，即产生一个阻力。然而，这个阻力反而像把油浇到火上，加强了业力的运转，而一次次地重复。

没有反弹，业力也就自然完成它自己。

接下来，同一个道理，不光是一个个业力浮出来，甚至好像不只是这一生的业力。周边的人看着，会觉得这个人怎么这么不幸、这么悲惨？好像随时都在走霉运？要承受那么大的失落？

对这些朋友，我常常会安慰，表面上看来的损失，其实是我们这一生最大的恩典。

有时候，只有透过损失或失落，我们才可以彻底了解生命的无常，而更会下决心要走上灵性的旅程。

人生负面的经验，会强化我们这方面的决心，加强我们的信仰。

要信仰的是——无论眼前有什么困难，我们还可以在内心不断对自己肯定、提醒，完全知道在那个时点，这刚刚好就是我们需要的。一点都没有差错。最多是完成我们过去无明所带来的业力。

进一步，不需要再把自己当作罪人或受害者，而是把眼前的任何损失当作机会——转变的机会。

这种认定，本身就是臣服。

信仰，假如彻底，人也就自然醒过来了。

所以，才会说，信仰本身也是最大的恩典。只怕信仰不够。

用这种比喻，修行就像在大火上添柴，加速我们的净化，加快我们的转变。

会用火的比喻或净化的说法，是因为头脑是我们转变最大的阻碍。经过千百万年，才累积那么多观念，把我们局限到人生的一个小角落。于是，要修行，要解开这些阻碍，一个人就只能有耐心，给自己机会，让过去的业力一波波翻出来，而不是以为它可以在一夜之间消失。

臣服，本身就带来这种认同，所以人间带来的一切经验，我们都可以接受，都可以包容。

我们可以想到，“我”越强化、越坚固，要转变的过程也会更长，甚至会更痛苦。因为“我”绝对不会放过世界或自己，它一定会抵抗到底。

但是，“我”再怎么强势，跟一体相较还是不成比例，早晚还是会被一体吸进去，回到一体。这一点我们不用担心，这一生不消逝，千百万年后也会消失，只是早晚的结果。

我们急也急不来。

这也是想表达任何因－果造成的时－空或现象，早晚都会消失。

早晚，回到一体。因为时－空、因－果和现象本来就是虚拟的架构。

知道了因–果与时–空分不开，一个人自然会选择更轻松的一条路，也就是——

当下，就醒觉过来吧。

10 在人间活出的一切，都是注定

你我从来没有自由过。

我相信，任何人在这里或我之前的作品中读到这句话，包括这一章的标题，都会惊讶，甚至不以为然。

我们怎么可能连呼吸、抬手、转头……任何动作都是注定的？是谁来注定谁？

这种说法根本不符合我们一般的常识。

然而，一个人只有完全宁静或醒觉过来，才可以体会到这句话是再明白不过的。

我们人间所体会到、活出来的一切，都离不开时—空背后的因—果、业力。这因—果是种种条件的组合，包括更多我们看不到、甚至意识不到的条件，经过一个更大的扭力转出来，我们挡也挡不住。

我们最多只能承认——观察到这些业力的人、所观察的业力的作用，乃至于观察本身，都还是因—果的组合。甚至连念头，都离不开因—果。

只要活在人间，把自己等同于这个身体，把身体当作真的，没有人能够违反这个法。

我们可以选择的最多是——站在意识的层面，我们不跟因—果绑在一起。不跟因—果绑在一起，最多也只是不把自己等同于眼前的事情、东西、形相、人、角色。

不等同，或者说不把自己投入，本身其实是一个臣服的观念。

也就是说，无条件地接受或放过眼前的一切——一切的现象、一切的人、一切的东西，不做任何反弹，让一切存在。我们自然就会发现——事情来，事情走，好像和我们都不相关。本来认定的问题，不费吹灰之力，它也自然扭转了。

我过去才用那么多篇幅来表达臣服的重要性。

选择不反弹，不把自己和时—空、业力绑在一起，不把自己等同于眼前的形相，是可以做到的。

我们要问的其实是：既然一切都是因—果的产物，为什么可以做到这种意识上的选择，决定要不要和因—果、时—空绑在一起？

答案非常简单。

因—果、时—空、眼前的任何变化，都还是一体意识的副产品。

就连念头，也还是从一体意识产生的。

每一个瞬间，其实都离不开一体意识，离不开最纯粹的觉知。

这个最纯粹的觉知，前面提过，就像电影的银幕。人生或瞬间的一切，也就像投影到银幕上的电影内容。电影在投射的时候，任何时候，银幕一直存在，没有动过。

借用这个比喻，唯一理由是，让注意力的焦点跳到业力层面的后面，也就是背景或银幕。我们把注意力挪到银幕上，放松地让电影播放下去，同时清楚地知道，这部电影或人生不是真实的自己。

或许更贴切的表达是，我们自然变成一面镜子，反映着眼前的人事物，不用做任何反弹。轻松地让任何事情来，也轻松地让任何事情走。轻松地放过一切。让一切自己存在。

转变注意力的焦点，才是我们唯一可以有的自由的选择。

因为再微小的存在都是业力。不光所见的事物是业力，看的人、看（这个动作），都是因–果的组合。所以，怎么“动”都还在因–果的范围。

唯一的自由、唯一的选择是——我不再去肯定，我不再去抵抗，我不再去反弹。

业力扭转的动力之巨大，我们怎么也挡不住。我们如果认为在业力层面展开的就是一切，也就会跟它一起转。

不再透过反弹与业力连接。即使业力的运转是要“我”死亡，也就如此。

抱着这样的勇气，一个人才会醒过来。只要投入人间、投入人类的存在、承认业力是真实，也就被它带走了。

再换一个方式来表达，唯一的自由是，业力在展开，而我们落回另一个意识的轨道（我们最多称它为一体）。业力还是展开，但跟我们不相关。即使业力在展开，一切也都是完美。

这是人类处境的唯一出路。

说到底，我们这一生唯一的责任，也只是透过不反弹，彻底醒觉。

假如，一个瞬间、下一个瞬间、再下一个瞬间，都可以随时把注意力移到生命的不动的银幕、不动的背景，我们就成为一个自由的人。

其实，这些话也只是一种比喻，一种表达，我们最终还是要问：

是谁来注定？

被注定的人，又是谁？

我吗？

我，又是谁？

只要一参下去，就发现一切都是个大妄想。时—空是妄想，因—果是妄想，头脑是妄想，人生也是妄想。

假如人生都是虚构的因—果、时—空、头脑的产物，人生哪来的注定或自由好谈？

因为我们还有个肉体或人的观念，才有这个主题好谈。站在整体，我们早就解脱，早已经自由，只是自己不知道。

之所以不知道，是因为我们把自己等同于这个身心，所以把自己给注定了。

11 在世，不属世

假如我们确实可以体会到这一切——有这个身体，有时—空，才有业力；有了业力，我们人间所活出来的一切，都是注定的。我相信，你我个人的重担会突然大大减轻。也不会再有任何东西可以计较，可以期待。

我们不光不会再责备自己，或者认为自己是罪人、加害者；也不会把自己落在一个失败、不够格甚至受害者的身份；更不会刻意要做什么善事或伟大的事，也不可能特别想去拯救这个世界。

我们突然体会——这个世界本身存在，是因为我们投射出了时—空。世界跟“我”从来没有分开过。世界本身因为也受到业力的运作，它的存在、好坏、结果，一样是注定的。

我们只能放过这个世界，同时也放过自己、放过身边的人，知道真实的自己和这个世界其实不相关。

不放过世界，世界也不会放过我们。所以，我们也就要跟着时—空、跟着世界打转，无穷无尽地把这出戏延续下去。

我们想不到，这世界已经毁灭过不知多少次，就像宇宙不知生死过多少次。宇宙有宇宙的业力，地球有地球的业力，你我有个人的业力。

我们只要醒过来——跳出这个时—空，就突然发现，宇宙消失了，世界消失了，你我也消失了。

突然发现，我们想救的人、世界、宇宙，其实根本就不存在。全是我们头脑的产物。

醒过来了，不用担心没有好事可做。

醒过来了，每个动作，都是臣服的动作，没有带一个“我”在做事。没有做事的作为者，也没有事好作为，没有对谁好作为，也没有谁在承受作为。反而，一个人自然表达最大的善意、做出最友善的行为，自然带出在·觉·乐给周边。

不光周围的人受到影响，就连大自然、动物、任何生命都直接受到影响。

一个人醒过来，他的频率或生命场，比任何都大。因为他本身和一体意识连起来，没有一个“我”去挡住或阻碍。

一体意识的场本身就是生命最大的场，会直接透过醒觉的生命流出来。

很多人听到这些，会误以为我不主张做善事。倘若你读到这里也这么想，那就太可惜了。我建议还是要好好参前面所谈的几句话，看是不是有道理。

一个人在醒觉过程，或已经醒觉过来，他的慈悲是无限大，但是没有一个善事的观念留在头脑。

因为他知道头脑不存在，最多只是一个虚的架构。

所以我才会不断地强调，我们来到这个世界，唯一的责任就是——醒觉。

这个责任与我们工作、生活、上班、上学、下班、搭公交车、买东西、带孩子、准备三餐、打扫卫生、应酬……种种活动一点都不相关，也没有冲突。在任何活动中，其实都可以练习，都可以把自己找回来。

只是，醒觉，和这世界的一切没有一点关系。并不是做或不做才可以醒觉，懂了这一点，一切矛盾也就消失了。

醒觉过来，全部这些问题就都消失。一个人自然回到宁静。没有话需要分享，没有好事、坏事想做。

最多知道表面上有这个肉体，还是要符合业力法，自然让这一生带来的业力循环完成它自己，不再去干涉它。

有些人会当作家、服务员、学生、技术人员、歌星、清洁工、司机、水电工人、会计、出纳、快递员、企业家……跟着他这一生带来的业力（我过去称随伴业），让它完成自己。

不去干涉它，让业力完成它的循环，我们自然可以透过每一个角色活出真善美，带给周遭最大的恩典，而自然影响周遭的一切。

也有人选择什么都不做，进入宁静或沉默。

同时，一个人就是生病也无所谓，不会再以为透过修行可以延长生命。

甚至，连对死亡都不在意。因为他再也不和这个身体绑在一起，不把自己等同于这个肉体的生命。

他知道就是肉体死了，一体意识其实从来没有生过，也没有死过，在每一个角落都存在。它本身含着一切，包括我们所谓的宇宙或生命。

既然一体意识没有地方可以去，没有地方可以来，有什么好怕的？还有什么轮回好谈？还有什么可能伤害我们？还有什么东西放不过？

其实，身体的任何特质——健康不健康、聪明不聪明、有没有什么成就，跟真正的自己都不相关。只要还重视人间的现象，反而又被人间绑架了。又不断地产生更多业力，还耽误了彻底的解脱、完整的解脱。

最后，连这几句话最多只是个比喻。醒觉，其实不靠时间，更没有什么东西可以耽误或不耽误。认为有人可以醒过来、有什么可以加快或耽误，都还是头脑的想象。

听到这些话，如果你一点也不讶异，一点也没有困惑，其实你老早已醒过来了。

12 信仰是最大的恩典

可以肯定“在这个时—空，一切都是注定”，这种信仰本身才是最大的恩典。信仰到了，一个人也就成熟了，准备醒觉。

最大的信仰，也就是无条件的信任——生命绝对不会陷害或冤枉我们。它有最好的用意，一切的发生都是刚刚好，刚好是我们需要的。

就连说刚刚好，其实也是多余的表达。前面提过，一切的发生早就是注定的，是周边以及过去数不清的条件的组合。

静下来仔细观察，我们会发现身心和业力有自己的生命，不断地展开它自己。去阻挡一切的发生，又有什么用？反过来，抵抗一切的发生，还会加速它转变到别的地方，反而增添一层新的复杂性，带来更多烦恼。

不去抵抗，一切的发生自然展开，活出它自己。

这就是无条件的信任。

信任一切的发生都是刚刚好——这个念头可以带我们活好这一生，面对各种合理或不合理的失落、纠纷、侮辱、损失、刺激、打击、任何人间的烦恼，都可以克服。

无条件的信任，没有一丝一毫怀疑——这本身既是信仰，也是最有效的心理治疗。它在最深的层面带来疗愈，承接我们负荷不了的重担，拭去流不完的泪，带来最大的安慰。

最高、最全面、最完整的信仰，也就是——

无论眼前出现多大的打击、多大的纠纷、刺激或失落，依然充满信心，明白这是生命所带来的最彻底的恩典。透过眼前的挑战，我们依然可以完全接受、容纳、包容、臣服，也就这样把眼前的一切看穿，让它自然消失。

我们再也不用对任何的发生反弹或抗议。

这本身就是最大的信仰。

你我当然都期待欢喜、快乐的经验，但是，不快乐或表面看来负面的经验，才是真正的考验。进一步说，对许多已经成熟的人而言，生命往往是透过失落、透过不可思议大的危机、甚至苦难，让他非醒过来看穿人间不可。

才会说，这是生命最宝贵的恩典。

带着这种全面而彻底的信仰，本身就是臣服。

臣服，最多也是臣服于自己。就像信仰，也是信仰自己。这个自己，是真实的自己，也就是一体。

抱着这种全面的信仰，彻底的臣服，本身也不需要再带一个层面的“参”。

一个人不知不觉就醒过来了。

醒过来，最多也只是体会——什么都没有发生，本来就是这样子。前面所谈的信仰，本来就是符合这个道理，没有得到什么，没有增加什么。

我过去也常常提到——解脱的过程（透过“参”），最多只是记得圆满、记得一体（remembered Oneness）。

我们只要有信仰，完美的圆满就在眼前。我们其实不需要做任何其他的动作，不用静坐，不用练习。

进一步说，一个人有无条件的信仰，也就突然变得谦虚、诚恳。

谦虚的是，他知道他的领悟和任何知识或任何成就不相关，也没有什么系统好谈。同时，他也知道自己没有发明任何新的东西，最多只是活出大圣人的领悟。也就突然对过去所有的大圣人有尊重，进一步对所有生命都会爱护，变得像天真的小孩子一样，知道从任何角落都可以学习。

他跟每一个人都可以互动，都可以得到收获，都可以成为诚挚的朋友。

一个人谦虚，也自然诚恳起来。诚恳最多也只是活出自己（be Oneself），不会摆什么架子，也不会多么严肃。他最多只能说实话，把内心随时的“在”带到这个世界。

最有意思的是，这些表达，包括信仰、谦虚、诚

恳都还在谈人类的特质，也还是头脑在表达，也就带来限制。

最大的信仰，其实是突然发现——我们人从来没有跟神分开过。

我们其实就是神。

而我们最多用——I Am. 我是、我在，来表达这个理解、这个真实。

假如要祷告，最多只是对自己祷告——这个“自己”不是“我”，而是真实的自己，也就是一体，也就是神，也就是上帝、佛性，也就是本性。

同时，透过意识，哪里都存在。我们再也不需要和世界绑在一起，也不会让任何东西把注意力带走。也没有什么东西需要知道或不知道。

最多也只剩下宁静。

可惜你我都不知道，自己与神等同。

所以，才会把自己和宇宙做一个隔离，而接下来被人间种种的困难绑住，从完美的生命活成一连串的问题。

只要回到一体，也就自然发现全部的疑惑消失了，

全部的问题解答了。这里所谈的人与神，两者同时在眼前消失。

接下来，再也没有任何人间的现象可以让我们分心。这才是真正的信仰。

一个人假如有真正的信仰，有什么问题值得伤心或伤神？一个人充满信仰，自然会问自己：还有什么问题值得痛心？就是做最坏的打算，又如何？又可能发生什么？

有了信仰，自然会发现——没有东西、没有人会想伤害我们，也没有什么东西可以欺负我们。因为这个肉体所带来的任何境界，和我们的真实并不相关，它本身都还只是头脑的投射。

一个人有这种信仰，自然有勇气走下去，无论眼前有多少困难的状况，遇到多少痛心的事件，心里还是充满信心，对生命没有任何质疑，样样都可以接受。还同时知道，眼前的一切，也就刚刚好是我需要经历的。

这样子，连生存的责任或压力都不存在了，都消失了。我们对生命的结果也没有什么好期待。

这本身，才是活在人间最大的臣服。

13 回到真实

前面谈到，透过肉体或这个身心不可能得到醒觉、开悟、解脱、涅槃。

那么，人类，无论古今，怎么都会生出一个开悟的观念？

我们只要深入探究，答案是非常明显的。

只有人类，才有足够发达的头脑，可以做那么详尽的分别，而从具体延伸到抽象，把科学延伸成为科技，从真实延伸出虚构的现实——让我们建立一个头脑虚构的世界，同时带给自己一连串的痛心与苦难。

我们本来也可以像大自然的其他动物，吃饱了休息、累了睡、睡醒了肚子饿去觅食。如果野兽来，赶快跑。跑不及，打。打不过，死也就死了。其实什么都没有发生，全是当下的一个境。然而，当下也只是跟着业力扭转。

当下从来离不开真实，从来没有分开过，是一体两面。真要区分，最多是透过当下活出真实。动物、植物、矿物、早期的人类都只是如此。

只有人类，在演化过程中，选择了与环境、与生命隔离，而且隔离得越来越彻底，越来越真实。经过千百万年的制约，到今天，我们已经分不清什么是真实，什么是虚构的念境（thought-world），也才生出一个醒觉的观念。

之前提过，只有人类可以醒觉。这句话不是说动物不能醒觉，反而是——其实样样都已经醒觉了，早已完全醒觉，只是没有一个发达的头脑去知道，去反映自己的醒觉，去体验那个过程。

不是只有人类才是醒的，所有的一切——全部、世界——都是醒的，没有离开过一体意识。

只有一体意识。

只是人类做了极端的分别，以为盖住了一体意识。所以，还要翻转过来——看到自己，看到一体，看到全部的生命——而称为“醒觉”。

醒觉，最多只是回到本来就有的一体，是你我和动物、植物、矿物不分的一体。所以，才会说——醒觉，是得不到的。最多只是把头脑的一个声音挪开，这个声音不断告诉我们——我们就是眼前的“我”，而“我”和世界不同。

把这个声音挪开，也只是肯定本来就有的一体。其实，这就是醒觉。

醒觉不是让我们回到原始的人、动物、植物、矿物的状态。其实刚好相反，醒觉是透过我们发达的脑做一个回转，就像把它变成一面镜子，让一体体会到一体。

没有这个发达的脑，也没有什么叫醒觉，因为连醒觉都只是人类建构的概念（human construct）。才会说“我”不可能醒觉，身体不可能开悟，甚至身心也不可能醒觉。

一个人醒过来了，立即知道没有一个醒觉的“过程”。最多只能表达“我是醒的”。

是大我、一体透过“我”体会到它自己。接下来，再也没有一个具体的“我”存在。

假如还有一个“我”，我们还只是在承认这个念境是真的，而且有个东西叫“我”、有个东西叫“你”，接下来有一个东西叫“世界”。

所以，我才不断地说——人生没有意义好谈，也没有价值好抓。

一切，只要是人类的概念，都不存在。

只要醒觉的时机成熟了，现在听到这些，也就立即醒过来。然而，即使不醒过来，宇宙和生命也不在意。这个人生，本来也只是虚构的，而醒觉是早晚的事。

只有真实是存在的。

所以，早一点晚一点又怎样？差别在哪里？除了对“我”有差异，还有什么差别好谈？

之所以谈醒觉、谈真实，也只是不忍心看着你我一次次地被念境带走，还要再来重复业力的轮转，把人生活成一连串的苦难。若非如此，我也不会透过这个系列的书和专辑来表达这个真实。

其实再进一步说，连这个不忍心都还是个大妄想。就好像一个虚妄的人，为其他虚妄的人做事，希望虚妄的大家得到虚的好处，比如一个虚构的解脱。

仔细观察，时—空最多也只是人类头脑建构出来的概念。彻底知道它是虚的，一个人也就醒觉了，倒不需要从一个虚构的概念跳出来，或是刻意地把它消除。

一体意识连在这个虚构中都存在，也没有什么地方好跳。假如要从时—空跳出来，等于说从一体跳回一体本身，根本是多余的。

我才会说，千百万年带来的所有制约，就到这里为止吧。

只要参透了，你我本来就是醒的。

醒过来，我们自然会发现原来《圣经》提到的“神造人，是照自己的形象造的”这句话一点都不过分。我们人类唯一的角色，假如还有一个角色可以谈，也只是透过分别和极端的痛苦，让我们可以突然体会到神——真正的自己。

这一点，没有其他生命可以做到。

到这里，体会到每个人都和一体分不开，怎么可能还有慈悲、善事、责任的观念浮出来？这些概念还是束缚。一个人不跟这些概念绑在一起，最多也只能说“我自由了”。

在千百万年中，第一次自由。

接下来，把这个领悟轻松地不费力地照亮出来。不用担心，周边的一颗石头、一朵花、一棵树、一只鸟、一条狗、一尾鱼……全世界都可以感受到，最多也只是跟着一起共振。

这种醒觉的生命场，是不得了的大。甚至是无限大，所以，其他的生命自然有所感应。

其实，这些表达也不那么正确，因为整个世界，包括一颗石头、一朵花、一棵树、一只鸟、一条狗、一尾鱼的分别都是头脑延伸出来的。

任何生命从来没有离开过真实的我。“我”消失，回到大我。过去所认为的“生命”，也全部消失。

接下来，只剩下一体。

而一体，最多只能用——在·觉·乐——来表达。

14

“有”是怎么来的？

我们该问的是——

假如一切就是一体，而一体是全部的真实，除了一体，其他现实都是相对，也就是虚构的，那它们怎么来的？

而“我”又是怎么生出来的？

我们这么聪明的生命，竟然让一个虚构的“我”制约了上千年，甚至上万年，怎么可能？

要回答这些问题，同样地，一个人回到最深的宁静，也就是解脱的状态，答案就在心中。

我们跟宇宙的来源是一样的。本来什么都没有，最多只能称一体，或者一个全部的潜能（我过去称 true primordial potential 真原潜能）。

透过“动”，我们可以把这种“动”想作一个在不费力地转动的螺旋，从一个无限大的状态，转速突然慢下来。慢下来的过程，自然形成一些坚实而具体的存在，从一体变成多体。从最原初的意识，走入一个可以对照观察的意识。

我们可以借用宇宙星系核心的比喻，把从“空”到“有”的这个临界点，称为生命或灵性的中心。即使说“中心”，也只是借此来表达“空”和“有”的临界。

有意思的是，进一步参，会发现这个中心，其实就是“我”的起源。我们每个人说到自己，很本能地会用手指着自己的胸膛，也就是身体的中心。没有人教过，生下来自然就会的。古人也是如此。

我们想不到的是，在这个临界点产生的，是大我，最多只能用“I.”或“I am.”（我在、我是）来表达。也就只有这个大我，就算用“I.”来表达，说完“I.”也就没有了，没有特质可以描述它。

其实“I.”也是表达神的身份。意思是——我与主和神其实没有分开过。我就是神，就是主。

接下来，这个螺旋场，我们可以称为生命的螺旋场，不断地慢下来，而往各部位延伸出去到身体的每个部位，自然不断强化“在”的观念。

所以，我才会说，原本“在”和动物、植物、矿物都一样的，都是同一个来源。

但是，生命的螺旋场也会转到头脑。只要进入头脑，“I.”就突然体会到这个身体，而把自己的身份落入身体，也就这样子产生了“我”。

接下来，自然会认为“我”醒过来了，还有一个“我”的身体、“我”的手、“我”的脚、“我”的人生、“我”的生活、“我”的家庭、“我”的苦难、“我”的累、“我”的命、“我”的绝望、“我”……、“我”……、“我”……

我们人生的故事，也就这样起步。

接下来，它成为一个自己包含自己、自给自足的幻想。延伸到每个角落，一个分支再岔出一个分支，而每个角落都不可能让人跳出来。

这个幻想就像一棵虚的树，扎下虚的根，生出虚的枝丫、花果，落下虚的种子，再长出一棵新的虚的树，越长越多……接下来，我们再也看不到真实的一点边际。

我们才会需要找回生命的根源，也就是回头走，看到种种人生的现象根源是“我”。接下来，追察“我”是怎么来的？——这样子反转人生的扭力，而回到起始点。

假如把世界的创造比喻成白洞，修行就像透过黑洞，回到一体。

要记得的是，我们所拥有的人生，是千百万年累积的产物。一个人不光是从出生就被父母亲友和周边制约，接下来的一生，到最后一口气，都活在重重虚构的制约里。这个一生的制约，反映的其实是人类世世代代千百万年的制约。从时－空的层面来看，不可能一夜消失的。

我才会说一个人要有耐心，最多也就是透过*sādhanā*（灵性修持）不断地练习“参”和“臣服”，来彻底转化制约。

反过来说，假如懂了这些道理，为什么还需要练习？产生这个问题，就去“参”——

练习的人，是谁？

从练习得到好处的是谁？

谁在练习？

答案当然是——我。

我，又是谁？

才会说一个人参透了，练习就是一个自然的状态，是活在这个人间随时都可以做的。

总有一天，这个“我”的来源也就完全落到心，被心完全吸收，不再起伏，也就彻底被根除。

接下来，一个人再也不会跟这个身体、世界、头脑绑在一起。

这时，就连练习也是多余的。

这是古人过去所称的顿悟。

其实一个人只要参透，连参都参不起来，他早已经完成自己。

我才会说，醒觉不靠时间，不靠练习，不靠静坐，不靠姿势，跟你我的任何行为都不相关。

我们不需要躲开生活，钻进一个小山洞或小角落，或认为一天要守住一个、两个、四个小时去做静坐或各种练习。就算守住了一小时，另外二十三个小时在人间迷路，那又有什么用？难道这样子就会醒过来？

假如我们还抱着这个希望，最多是在骗自己，骗别人。

我们只能问自己：

醒来，对我有多重要？

我是不是还想继续玩这虚构的游戏，再来一次，再再一次，不断重复人生的痛苦？

假如答案是“不，我要用一生的所有力气醒过来”。我们会突然发现，每一天的日子就是我们的道场。

无论讲话、处事、和人相处、吃饭、上洗手间、安安静静待在一个角落不讲话，都没离开过这个道场，从每个角落都可以体会到一体。

这才叫修行。

15
睡觉，作为醒觉的练习工具

睡觉也自然成为我们最好的道场，让我们透过每一天睡眠的习惯，作为练习。

我们每一个人都可以透过睡眠，体会到前面所谈的螺旋场，甚至是找到“我”的来源。

我们刚醒过来，还没有睁眼之前，那一刹那，可以轻轻松松体会——自己是醒的，好像知道，又不知道。虽然知道自己是醒着，却还没有一个世界好谈的。没有身体的感受，没有念头，我们自然停留在一个宁静的空当，那时候，没有念头，不用说会有烦恼，最多是发现放松、欢喜、舒畅。

这时候，就知道有身体，有一个“我”的观念浮出来。

接下来，轻轻松松像捉迷藏一样，看可不可以立即抓到“我”的起伏。可不可以在这个交会点，也就是睡—醒之间，关注“我”的起伏。

只要关注到，自然发现“我”起不来。

本来这种轻松的觉知，最多只是一个刹那。透过这个轻松的观察，它突然也就自然延长了，从一个瞬间，延续到下一个瞬间。

透过练习，它还可以连接更多瞬间，突然让我们可以体会到永恒的瞬间，永恒的现在。

唯一可以描述这种境界的是——欢喜，或放松。

欢喜、放松越大，越代表我们可以守住“我”的根源，让它停留在心中。

这种体会，本身就是醒觉的领悟，最多也只是这样子，倒不是带来一个具体的知道。没有境界、没有世界、没有任何“我”的体验好谈。

任何体验，只要可以用“我”或任何语言表达，已经落入头脑的范围，我们又被二元对立带走了。

这种领悟，就是我多次提到的——

最纯粹的觉知。

也因为这样，我才会说——一个人清醒地睡着，清醒地在没有梦的深睡中，其实比较接近醒觉带来的状态。

因为那时候我们最多只是一个纯粹的觉知，就像银幕的比喻——

前面来去的电影（念头、幻想）我都知道，而我站在银幕前看电影播放的一切。电影，也就是人生，已经和真正的我不相关。

通常一个人会发现，睡觉时反而更容易注意到这个现象。一旦醒来，不注意，一两个念头就又把我们带走。我们又落回人间，进入时—空，完成业力。

同样地，睡前也可以做这种练习。睡前这个时间点特别重要，入睡前，最后的念头，其实可以决定睡眠的品质和睡眠中的意识状态。

一样地，只是守住的顺序，和醒来时刚好相反。

我们轻轻松松注意任何念头的来去，来了，去了，都不去管它，知道它不是真实的没有什么代表性，而会发现念头自然消失。

念头偶尔还会起伏，这时候就用参的方法，轻松地问——

对谁有这个念头？

答案当然是——我。

那么，我又是谁？

熟悉了，连问题都不需要问。最多是做个见证，观察念头，就可以看着这念头落回到心。

落回到心，我们也和前面提到的早上刚醒时一样，把注意力轻轻放到心和脑的交会。只要念头再起伏，我们就再重复这个游戏。

会用游戏或捉迷藏来表达这种练习，是因为本来就不需要那么认真。

这种练习，无论醒来或睡前，本身是在用脑来消除脑，用一个虚构的真实来消除另一个虚构的真实。

其实这一切都不存在，都只是脑的产物。

古人会用官兵捉贼来比喻，把“参”当作官兵捉贼。这其实是正确的。只是我担心这个比喻比较严肃，可能让人无形中又把它当一回事，造出一个新的境来，才用新的比喻。

所以我过去才会提 “the least of all things” 的观念。也就是小到不能再小、简单到不能再简单、最根本的状态，也就是“参”的终点。

最多，我们只要提醒自己——任何头脑的境界都不是真实。

也只好放过一切。让它们来，让它们走。跟真实的自己不相关。

这样，意识自然会达到一个“止”，自然不费力地落到最轻松、最小、小到不可思议的小，到没有、不存在的点。接下来，知道和不知道已经分不清楚。

连这一点，都可以放过。

都不在意。

这样一来，是练习“参”还是“臣服”，或者两个都是，这一点，也根本不重要了。

懂了这些，我们自然会发现，这一生所练习的，可以决定肉体消失之后的意识状态。

过去我常常分享，一个人往生之前，做这种练习非常重要。它可以决定你我未来的状态。不重视意识的状态，等到往生那一刻也就来不及了，那时肉体的痛苦会让我们陷在昏迷之中，又跟着过去累积的业力转走了，而一次又一次地重复再重复人生的经验。

其实，每一天晚上入睡，都可以当作一个小的死亡来做练习。进一步说，每一个念头，我们也都可以当作一个生死的过程来看，而可以随时做练习。

严格讲，一个人其实没有来过，也没有走过。

最多是这个人间所见的身心，透过业力组合、消失，再组合、再消失。

我们的一体意识完全是自给自足的，没有从什么地方生出来，也不会从哪里消失。

只因你我都被人间的幻相绑住，还会不断地谈及一个身体，还在强调做一个练习，再安排一个解脱，好像把醒觉越推越远。

16 越过身体，越过脉轮，越过能量

前面提过，醒觉其实不是一个过程。一个人是醒着或昏迷，并没有一个步骤或中间地带。

然而，醒觉的状态本身在昏迷的状态也存在，这是头脑最难懂的。对局限的头脑而言，这些话好像不符合逻辑，因为有限永远不会理解无限。

进一步强化这个悖论，我们也可以这样表达——醒觉，是**回到**一个“从来没有离开”你我的状态，只是需要**挪开**“不存在的”种种状况或阻碍。

假如你听到这些话一点都不惊讶，还从内心深处生出一种喜乐和领悟，那么，本书所谈的这种“没有路的路”“没有学的学”“没有法的法”，对你是最适合的。

有意思的是，真实落到这个世界，一定会产生悖论。

这是因为真实在一个无限意识的轨道，而人类的头脑在一个狭窄而局限的轨道运作，才有表面上的冲突。

所以，假如你听不懂或觉得有矛盾，也不用担心。它本来就是悖论，悖论本来就是头脑听不懂的，不需要在头脑中再加上一层分析。

也许有人会想问："这些理解和能量或脉轮有什么关系？"

严格讲，和意识相比，能量或脉轮的系统还是比较下游，还是生命的末端。只要可以具体指出任何形相，无论脉轮、穴道或能量，已经进入物质的层面，也一样离不开虚构的念相。

有时—空，有因—果，也才有脉轮，才有能量。

透过脉轮或能量，一个人永远不可能解脱。

因为它们本身就是头脑投射的产物，也自然就限制、束缚了我们。

虽然这么说，内心还是会影响到外境，因为内外是对称的，本来相对相成。

一个人醒过来，不会再在意肉体，更不用讲能量或脉轮，但是身心毕竟是由意识组合的，也同时会受到意识状态的影响。

一个人解脱了，脉轮自然也会打开，能量或生命场也会扩大，波动也会加快。

只是，对谁而言，这些能量或波动在增加？

有意思的是，并没有一个“人”去体会脉轮打开或能量增加。没有一个主体、客体，更没有一个动态。这也就是我常常在说的——生命来活自己。

我会说这些话，也是很诚恳地希望你不要浪费时间去追求各种脉轮、能量、玄学的变化与练习。

最多只需要看穿这个世界，把“我”的根源找到。

也就这么简单，全部的现象包括这世界、能量、脉轮，也就跟着一起消失了。

消失了，这个肉体还存在，它还是要完成这一生带来的因—果。但是，接下来再也没有一个作为的人。

我们最多只能说——虽然一体暂时住在这个肉体，但是它本身随时是醒觉的。透过这个肉体，一体还可以完全体会到一体。

即使这种理解再简单不过，但是从另外一个角度来说，一个人要相当成熟才会读懂。我用那么多篇幅来表达这些观念，就是因为我知道会有太多人疑惑，甚至质疑。

然而，因为这些观念就是那么简单，而我个人从小喜欢事事简单明了，自然在很年轻时就受到古人留下来的法所吸引，拿自己来验证它是正确的。

此外，我会透过不同的角度和比喻重复再重复同一些观念，也是希望这些话落入你我的脑海，而让这些观念变成你我的真实。

因为我们这一生所看到、学到的一切，都和这里所谈的颠倒。连一般人所认为的常识，也和真实无关。

我最多只能用个人的语言、个人的体会来消除种种矛盾，把真实的悖论变成内心的现实。

这个“没有法的法”，其实是最直接、最简洁的方法。它把真实和练习结合，假如可以把真实当作理论来谈，也就是理论和方法已经合而为一——我们懂了真实，也懂了全部的方法。反过来，透过任何一个方法，也可以把真实带回来。

所以，日常生活中，从每个角落都可以回到真实。而每个练习都可以成为一个没有方法的方法。

这是古人称为大智慧的法门，它集中*jñāna*和*bhakti*，把“参”和“臣服”合一。“参”本身带来“臣服”，“臣服”本身也回到“参”。也就是说，不需要“做”，一个人自然进入“在”。

每个人的成熟度不同，适合的方法也不同。有些人需要练习身体，身心合一，消除念头。也有人比较适合奉献、奉爱、臣服，把自己交托出来，跟上帝、佛性或生命合一。还有人比较适合用逻辑来转变逻辑，用念头来转变念头，用意识来转变意识。没有什么绝对的重要性，一样可以让我们走到底。

前面也提过，我个人喜欢简单明了，样样都希望简化，也就自然重视“参”这样简单而最直接的方法。

但是，因为人类的头脑比较喜欢复杂，甚至还喜欢在复杂里定出一个个阶段，在头上不断地追加更多头，把很简单的东西变成一个想不通的矛盾。古人才会说，“参”这个方法，是为最成熟的人而准备的。

过去，正是考虑到不适合给一般人听，很多人听了反而会混淆，感到困惑，甚至心生质疑，“参”这种教法过去只限于师徒之间口传。要经过皈依、练习、突破各式各样的门槛，才可以听到这些话。

只是我总认为，到今天，透过演化快速的发展，人类其实是极端的聪明。这个时点也刚刚好，透过我们人类的聪明，足以做一个转变。我才会把这个法重新带出来。

然而，也因为简单，一定会遭遇到头脑的抵抗与反击，甚至认为这些分享和世间的生命一点都不相关，完全不切实际。有时，我身边的朋友为我抱不平，来安慰我，我最多也只能这么说——

其实，什么事都没有。这些抵抗和反弹，与我所表达的，两者一样都是虚构，都是妄想。一样是语言表达的，一样都不存在。

讲的人也不存在，讲的话也不存在，包括你我每一个人，都不存在。

又有什么好计较的？

计较的人，又是谁？

我相信，你听了这些话，在头脑的层面还会想质疑。然而，如果用心的层面来听，内心的上师（inner *guru*）会听进去，知道我讲的是真的，而自然带着你走下去。

所以，我才不断地说——你不需要相信我任何一句话，只需要拿心来验证。

其实全部的答案，你我早已经有了。

17
为什么那么真实？

你可能还是想问——

既然这个世界是个大妄想，一切都离不开头脑的投射，为什么只有那么少数的人可以看穿？

而我们看的一切，都是那么坚固？

进一步讲，虽然“心”可以听进这些真实的描述，为什么这些话不符合我们的常识，也不符合我们体验的现实？

有意思的是，这个问题本身就带着很多层面的矛盾。

问的人（我们）本身是头脑的投射。

问的东西也是。

甚至连回答的人还是。

就像我们在沙漠看到幻相，也就是古人说的海市蜃楼——那里好像有水，也让我们真以为有水，这时候，我们不会怀疑水不存在。

虽然前面提过一体意识本身自给自足，然而这个世界是因–果的组合，本身也一样是自给自足。只是它的自给自足落在一个局限的范围，是透过因–果再加上头脑的运作才组合的。所以，去谈这个世界存不存在，这问题本身是不成立的。

五官加上念头，全是信息的产物。用五官加上念头去定义存不存在，这个前提本身就是虚构的，没有站得住脚的基础。

我们这个坚固的世界，是透过这些信息的产物建立的，而这些信息的产物是透过五官加上念头所组合出来的。再进一步去分析，信息本身是电子的信号。把一个信号当作坚实，本身就会创造一连串的矛盾。

过去，我会这么形容——把人类的存在比喻为一个循环论证（circular logic）——在这个循环论证里，怎么转，都是转不出来的。看起来，每个角落都在支持这个论证，这个论证的每个角落都在自己证明自己，但是每个角落都站不住脚，经不起检验。

梵文把妄想称为 *māyā*。对古人来说，妄想就像是活生生的存在，*māyā* 甚至被赋予了神一般的地位。

会这样表达，就是描述妄想的力量和因–果一样，不可思议的大，本身就像一个旋涡，让我们从里头爬不出来。我们看这世界是凝固的，也就这么自己骗自己。反正这个印象是如此强烈，让我们看不到尽头，在里头不断打转，而灌注更多动力给这个世界，让它更大。

透过现代人生活的快步调，我们给念头和念头之间的时间更短了，几乎没有一个空当可停留。所以妄想的影响更大，而更让我们极端痛苦，极端没有安全感。

也是因为透过这种妄想，我们更会一直认为人生只有“动”。透过“动”，我们可以得到一种满足、一种成就。我们才自然和物质——财产、名誉、地位、形相绑在一起,认为要累积越多,才会有越大的成就感。

我敢说，就连修行，一般人也是这种看法——有了一切，还不够，还要透过修行得到更高的。而修行最后的目的是为了得到——“解脱”“开悟”“超越”。

你我反而想不到，自己的一生就这么被一个妄想骗走了。

我们所谈的一切成就——好的学习、好的工作、好的家庭、好的才华、好的体能、好的身体、好的风度、好的人脉、好的影响力、好的外表、好的名声、好的修行……都是头脑的产物。即使这些真的存在，在一体中其实根本不成比例，没有任何绝对的重要性。

假如我们还要被任何事情绑住，也就没有什么解脱好谈的。

我们最多只要承认自己还在被一个妄想绑住。

只是，就连这一点，也很难。

人遇到不符合期待的厄运或坏事，可能还会想找一个出路。遇到人间的好事，要看淡或看透，则是非常难的，几乎可以说不可能。

所以，一个人生活安稳，要什么有什么，还可以把人间看穿，这真的是有相当深厚的福德。进一步说，一个人彻底领悟到——各种成就和自己的真实都不相关——更是难能可贵。

如果看待任何表现都是同等的——好事、坏事，有成就、没有成就，有钱、没钱……甚至一个经验与下一个经验都是同等的虚妄，一个人也就突然宁静下来，心也不再动了。

眼前无论来什么人、事、物、经验，自然都放过，都让它存在。不会再做任何反弹、期待、依附、争取。

古人称这种状态为平等心。它本身是醒觉的成就。

因为你我还体会不到平等心。所以“愿”才那么重要。我们最直接的愿，最多也只是醒觉。一个人可以很诚恳地向神、佛、自己的真实祈求，用最大的决心求醒觉。

也许你会以为这种“愿”是自私的表现，但是，我们仔细“参”，自然会发现一切都是虚的，都是大妄想——其实，没有谁可以救人，也没有人被救。最多是一个人醒过来，发现全部都是妄想，而全部都消失。

就像前面提过，不用担心，醒觉过来，一个人该做什么，自然会清楚。无论做什么，都离不开善意和慈悲。

18 从世界醒觉

倘若有这种愿、这种决心，决心本身也就成为信仰。

你会发现生命和宇宙突然联手来帮助你，也好像不断地跟你悄悄传递信息。有些人会听到最美的音乐、看到最不可思议的画面、见证不可思议的奇迹，一个个奇迹与奇迹之间的间隔会缩短。甚至每一个瞬间就成为奇迹本身。

有了这样的决心，就像头上顶着熊熊的烈火，从头顶开始燃烧，烧下来，非要消融我们不可。带着这种决心，会突然发现再美的声音、再美的画面、再奇妙的发生，对你都不再有吸引力，与真正的你早就不相关了。

最多你可能还要提醒自己——

谁，在见证这些现象？

当然是——我。

还有什么我好谈？

这一生，自然会采用这些方针，一路走到底。

在这个过程，不是你去找好的老师，而是好的老师会来找你。甚至，老师不见得以人类的形式出现。可能是一个灵感、一个画面，甚至可能是一本书、一条语音、一个东西、一只动物。所有传达的，刚刚好就适合你的程度。就像前面提过的，生命和宇宙都会不断地联手来帮助你。

一个人如果心是打开的，在一生的每个阶段都会出现最适合的老师，刚好就是我们需要的。反过来说，倘若一个老师所说的，我们听不懂，也就不是我们需要的老师。

虽然这里谈到老师，好像还有老师和学生的分别，其实，走到最后，任何老师跟我们自己都分不开。可以说——我就是老师，老师就是我。

因为最终只有一体。

除了一体，什么都没有。

所以，连老师、学生的分别都没有。一体就成为一个人自己内心唯一的上师。我们就跟着一体，一路走到底。

跟着一体，一路走到底，意思其实也就是保持这个信仰——无论这一生过得好、过得坏，遇到再动心的吸引，遭遇再大的灾难，过得多委屈、多潦倒、多落魄，甚至失去了一切，都还可以守住醒觉的决心——也就已经得到一体的恩典。

接下来，你我自然什么都不怕。人间任何状态，跟我们都不相关。醒觉，也就变成自然而唯一的结果，谁都挡不住。连我们自己都挡不住。

过去，我总是听到有些朋友在问：醒觉是超越念头，是一个无思无想的“心”的状态，那么，醒觉了，没有念头，怎么可能生存？怎么可能学习、做事、面对家庭、面对世界？这不是对人生造成一个很大的矛盾吗？

可惜的是，提问的这些人，多半只是在理论的层面质疑，而不是透过自己去验证。有些人还非常得意，觉得自己可以抓到一点理性的层面来抵抗。甚至，有些人会坚持抵抗到底。

有时候我听到这种反应，会给他一个大拥抱。不说话，一起体会“在”的生命场，希望让这些质疑心消失。

也有些时候，我会把他提出来的问题和他自己的生命结合——那么，你快乐吗？Are you happy? 为什么会有那么多问题？这些问题，与你这一生找到快乐有什么关系？

还有些人充满了理性，充满了人间的聪明，头脑根本不留一点空间，好让他去发现人生的空当。这样的朋友，有些还很年轻，我也只能对他说：

“孩子，这跟你想的，刚刚好颠倒。没有念头，一个人不光可以生存，还可以生存得更好。就像你睡着的时候，非自主神经系统自然来照顾心跳、呼吸、消化和其他重要的身体机能，也就等于把身体交给一个更大的聪明，无限大的智慧，怎么可能出错？

“一样地，我们也只是把局限的聪明交给无限大的一体，把自己的阻碍挪开，让一体来照顾一切，怎么可能会担心结果更不好？假如有一个效率好谈，它其实是最极致的效率。假如有一个绩效好谈，无思无想会带来最高的绩效，是人间想不到的绩效。”

有些朋友，带着重重的苦难、失落和创伤而来。对这样的朋友，超越的无思无想反而是最好的心理疗愈——不让自己停留在过去或未来，人生所遇到的每个问题自然会活出它自己的路，让我们得到最好的答案。解答不是从“我”来的，不是“我”在主导，是生命带着我们，主导着我们。

生命的力量和智慧，远远超过“我”可以想象的。把全部的念头、苦难、质疑交给生命，一个人才真正踏出第一步，活出全部的潜能。

我虽然用这些话和那么多篇幅来表达同一个理念，还是担心你可能过不了这关，还可能继续质疑、耽误这一生，继续从心外去找一个答案。即使如此，我最多也只能安慰你：

孩子，无所谓，没关系，早晚会有机会让你反省，回到真实。

回到真实，其实什么也没有发生，什么也没有得到。

也就继续往前走吧。

19 命会变好吗?

有些自认修行相当有程度、有资格的人会认为，醒觉和肉体的健康有关，甚至抱着一种观念，以为要打通每个气脉，才能真正地醒觉；还认为既然气脉打通会让一个人舒畅健康，醒觉的人也应该健康、长寿。

即使在修行上已经相当有成就，有些修行者对华人或西方人、古人和今人的区隔仍然看得很重，非但特别想为自己的民族特别做点善事，甚至会流露出对其他民族的不认同。

我过去听到这些话，总觉得相当不可思议。毕竟，有这种观念，其实是还没完全参透，以为还有一个气脉、身体，甚至身心的存在好谈，或者还含着一个人类和民族的观念。

我但愿能在这里表达清楚——醒觉，跟肉体一点都不相关。

一个人醒过来，还有过去累积的业力在展开。这个身心本身是业力组合的，怎么可能没有业力所带来的阻碍，包括生病？我们只要还有一个身心的观念，自然也就受到业力法则的运作。

然而，从这个角度谈醒觉，这本身就是矛盾。

醒觉，最多也只是充分知道、充分理解、充分体会——这个身心不是真正的我。

真正的我是一体，而其他包括身心都是头脑的投射，本身是相对，本身是虚构。继续去计较一个虚构的现实存不存在，包括寿命长短、身体舒不舒服、肿瘤或其他疾病会好或不会好，这种计较或期待也只是反映了意识的状态。

谈到这个身心的“命”，也是同一个道理——并不是透过修行或解脱，一个人的命就会改。

认为透过修行可以改命，这种想法之所以不合理，因为前提本身根本不成立。

“命”本身是业力法则的作用。我们有这个身体、这一生，是因为有时–空的观念才组合的，而时–空本身离不开业力与因–果。只要落在这个身体，就已经脱离不了因果法则。

醒觉唯一带来的不同是，充分领悟到——这个身心所带来、在人间的命，跟真实的自己一点都不相关。

一个醒觉过来的人，会放过人生的变化、业力的轮转，不去干涉它。让它完成自己，从而自然消除业力所带来的能量。

从这种角度来说，命当然也会跟着改。但是改的方向和形式，和一般人想的完全不同。

即使不改，对一个真正的修行者来说也无所谓。

进一步讲，一个人就是死亡，仔细想，他的意识在哪里，又可以去哪里？还会有什么地方想去？

一体意识本身是完整的一体，而我们就是它。怎么可能还想延续这个肉体，非让这个肉体长寿不可？根本没有必要。

我相信，这一点是头脑最难以理解的。但我同时也很有信心——你已经让这些话碰触到心，知道这些话带来的是更深层面的真实。

虽然头脑透过逻辑好像不懂，但心又好像已经恢复了记忆，而成为改变人类集体失忆现状的媒介。

假如醒觉和练习不相关，这么说，是不是只有顿悟，不可能有渐悟？

坦白说，我这几十年来最惊讶的是，竟然很少人问这个问题。

然而，这个问题，对我个人，才是最关键的。

因为“没有这种问题”反映的其实是我们人类千百万年的制约——肯定人类的束缚和局限，用五官建立的世界把自己钉死，自然不可能相信任何顿悟的观念。除了产生很深的质疑，更认为一定要透过练习、功课、功夫，才能解脱。

然而，醒觉，最多也只是一体反映到自己。

光要反射回来，一定要有个物体可供反射，比如说镜子。所以，醒觉最多也只是透过我们的身心（就像镜子）反射出自己。假如没有身心作为反射体，也没有醒觉好谈。

反过来，要醒觉的一体，在人间随时随地都存在，在“有”、在“空”都存在，也就是说——绝对存在于任何相对。假如它不存在，也不能称之为绝对。

这个逻辑再简单不过了，它本身是最基本的法，我们不可能违反的。

所以才会说，醒觉不靠过程，也没有一个过程好谈。一个人要么是醒过来，要么是在昏迷。透过逻辑最难懂的是——醒过来的状态，在昏迷时也存在，并不是互斥的。

也因为如此，我们才会这么表达——每个人都是醒觉的。早已经醒觉，只是自己不知道。

不知道的，是头脑。头脑带出一个阻碍，就像滤镜，让我们看不到自己的醒觉。

再说精确一点——不是透过头脑醒觉，反而是把头脑挪开才可以醒觉。

假如对这几句话充满信心，而且实实在在体验到每个字的用意，你我也就醒过来了，而且是早已经醒过来。

你我也自然会发现醒觉不是分段的，没有步骤，没有阶段，不是还有一个最高的阶叫醒觉，要我们慢慢爬上去。

所以才说，醒觉练习不来。假如一个境界是可以练习、追求来的，它不是永恒，早晚会消失。

任何可以生出的，也就可以消失。

假如人生还有其他的东西比醒觉更重要，我认为这太遗憾了，可惜了这一生，甚至说是反映了彻底的无明都不为过。

常听到有些朋友会问："一个人是不是只有物质层面满足了，不用顾虑生存，才追求这些主题？这跟一般人的生活、生存有什么关系？"

面对这样的质疑，我最多也只能笑一笑，答复他：

"跟生死相关的问题，其实才是我们生命和真实的根源，也远远比任何生活的状况更重要。还有什么问题比这个更急迫？世间有什么物质的层面可能解答一生全部的问题？

"孩子，没有关系。最多是你下一次再来，再重复人生所有的痛心与苦难，到非逼你面对这一个人生最大的问题不可的地步。

"这个问题，急也急不来，跑也跑不掉。每个人总有要面对的一天，因为早晚要被一体吸收回去。毕竟，全部都是头脑的虚构，只有一体是真的。”

我们人类的聪明不断地发展，已经到一个极端的分别，带来极端的痛苦、极端的不快乐。唯一值得安慰的是——不快乐是我们最大的醒觉的机会，让我们建立一个基础——成为未来的人。

未来的人的形态和表现，和现在的人类完全不一样。

我用“集体的失忆”这个词，等于在以另一个角度来表达我最强烈的希望——

但愿每一个人把自己带回来，不要在人间再迷失。

也不要再继续为了强化“我”，而去建立一个虚构的故事、虚构的人生，得到虚构的成就、虚构的伙伴、虚构的财物、虚构的名誉、虚构的才华，而为人类创造出一个虚构的历史……

这些全是人类集体的大妄想，不值得我们再延续下去。

20 有没有一个醒觉的状态？

一个人醒过来，突然会发现——自己包含全部的生命。这里谈的自己，是真实的自己、是大我、是一体、是上帝，因为一体和上帝从来没有分手过。

每一个人、每一个生命、每一个现象都离不开真正的自己。

真正的自己包含一切。

你会发现“我是造物主（I am the creator.）——我造出的一切就在我心中”，而这个心，从来没有离开过真实。

虽然如此，你也同时理解——真正的自己从来没有作为过，也不是作为的人。

一个人最多像一个没有动过、没有生死的银幕，而全世界、全宇宙只是重叠在这个银幕上。

醒觉过来，也就像清楚地站在这个银幕前看着人生的电影，清清楚楚知道，它是一个幻觉，没有任何实质。不断地生，不断地死，本身是头脑的延伸。

看着这场电影，知道没有一个真的演员，也没有一个真的故事，更没有一个真的作者。

或者，就像前面提过的，就像一面镜子，只是反映眼前的一切。

人间的“动”“不动”都跟自己不相关，一样可以清清楚楚看到所有的现象，但这些现象就像海市蜃楼一样，对自己而言根本不存在。

过去所看到、体会到、经历过、活出来的，包括人类千百万年的历史，一切都是大幻想，没有一件东西是真实的。

这时候，一个人可能会大哭一场，而这个哭不光是痛心的哭，是领悟的哭，是参透的哭，还是为人类祈求的哭，是为世界未来而哭。

一生的泪，想哭完它自己。

当然，也有人会大笑，笑得没完没了。看到眼前任何东西，都止不住笑，知道自己过去一直受骗，然而接下来再也不会被这些带走，最多是把它笑走。

但是，要有很大的福德才能如此，这种人确实不多。

我们在世间的束缚太重，人间的锁链捆得太紧，心被世界伤得太深。大多数醒觉的人，醒来时很少是不停地笑的。

一个很成熟的、福德大得不得了的人，在很年轻还没有受到太多束缚的时候就醒觉，能看得很淡，而可以一笑过去，什么事也没有。

一个人醒过来后，从别人的角度来看，可能非常孤独。毕竟，他又能跟谁去分享他的境界？又有什么境界好谈？

一般人不知道的是，一个真心的修行者，其实早就不把自己等同于这个肉体。所以，孤独，甚至快乐都沾不上他的心。

他最多只能用“在”来成为自己的状态，也只是活出最高的善意。

他本身就成为慈悲，成为爱。

慈悲与爱本身就是醒觉的流露。

喜乐，自然成为他的本质。他的肉体，假如还有肉体好谈，最多也只是反映人间想不到的大喜乐。这种喜乐，连男女之间最大的快乐也难以相提并论。即使非比较不可，后者也根本小得不成比例。

最多只能说每个细胞、每个部位、每个体都在欢喜。他所活出的大欢喜，可以烧掉、消融人间所见的一切。

醒过来了，会发现人间没有一件事值得投入全部的自己，或者值得严肃对待。

一切都是头脑的产物，把任何东西看得有绝对的重要性，也只是把眼前的幻相当作真的。

最多只是观察，观察到人类的傻气、说的傻话、做的傻事，而连这些都可以放过。看到人做坏事、欺负人、虐待动物、杀害人、破坏世界，种种人和人的争斗、理想和理想的冲突、民族和民族的较劲、国家和国家的纠纷、文化和文化的冲撞……一切人类无明的表现，都可以放过，而同时清楚地知道这些跟一体的真实一点都不相关。

把这些现象当作一回事，以为有绝对的重要性，需要等着“我”刻意去救，当作“我”的人生目标，最多也只是反映我们个人无明的状态。只是让我们又回到业力的流转，又陷入人间。

但是，彻底有这些领悟，不代表一个人不做善事。

刚好相反，有人需要被救，就救他吧。有人跌到，就扶他起来。有动物被虐待，就解救它。有人受到创伤，就安慰他，就帮助他疗愈。有人迷路，就为他指路吧。

有些人甚至会发现，在这个醒觉的过程中，自然为人带来疗愈。不光是身体，还在心理的层面帮人恢复健康。

也有人会发现对样样都很敏感，可以看穿别人的念头，给别人一些劝告。这些帮助不是只为人带来安慰，还可以带来很深的启发。

虽然为人带来各式各样的帮助，但他没有“别人”（被帮的人）的观念，甚至没有“我”或“帮助”的观念。帮完也就放下，没有“帮助”、也没有“别人”好谈，也不会去想。眼前有人需要帮助，也就去帮助。

这是自然的运作，也不会特别当一回事。

只是充分理解，既然这个人间一切是个大妄想，那么，用一个虚构的体，帮另一个虚构的体完成一个虚构的生命，其实也没有什么好谈。

在这个过程中，自然不再留下一个作为者的影子，也清清楚楚知道没有一个被帮助的人。连帮助本身都不见踪影，最多只是反映个人的“在”。

而“在”本身就是友善，本身就是慈悲。

一个人只是轻轻松松活出“在”，已经为周边的生命带来大到不可思议的祝福。

但是，连这一点都不重要。它本身还是延续因—果，延续妄想。

21 时间的终结

谈到人类的傻劲，我们自然会发现人类留下来的所有知识体，成千上万的书籍，有史以来累积的记录，都是头脑投射出来的概念，可以说都是落在因果法则的制约里。无形中，透过教育、社会的互动，会让我们以为人类留下来的知识有一套独立的逻辑，本身就足以证明自己。

但是，只要参下去，自然会发现，相对的逻辑（头脑）投射出来的任何知识，本身没有什么绝对的价值，最多只是在一个相对的、局限的范围内延伸出来的道理。和一体相较，完全是另一个轨道，本身还受到生死的宰制。

任何知识，无论多丰富、多微细、多深刻，可以孕育出来，早晚也会消亡，不断地和文明一起兴起，一起衰落。

知识和文明是命运的共同体。和过去的文明一样，现代的文明早晚会消失。

我们可以说，现代全部的知识体，也只是近代文明兴亡的一部分。

我们想不到，过去的文明可能多的是比眼前这个周期发达的。然而，就算有其他文明同时存在，我们因为透过五官知觉不到，也会以为不存在。

不同的生命——组合出过去、未来的文明——采用的知觉工具和我们完全不同，可能和我们在知觉上完全没有重叠。我们看不到他们，他们也看不到我们。

懂了这些，一个人不会想去钻研任何知识，也自然会发现任何知识都没有绝对的重要性。无论读多少书、累积多少知识，和醒觉其实一点关系都没有，甚至可能带来更大的包袱，更大的阻碍。

然而，这些话，究竟有没有道理，要你亲自去体验才能确认或推翻。

我还记得好多年前，一个政治学者，当时担任美国国务院政策规划办公室副主任的福山（Francis Fukuyama），写了一本书叫《历史的终结与最后的人》。他当时认为人类文明发达到一个地步，已经走到和谐、统一，不可能再有大的冲突和战争，历史的动荡也就到此为止。当年，这个大和谐的观念相当受到重视，陆陆续续也有各种各样谈人类阶段终结的作品，像是《科学之终结》……

有意思的是，我们只要回顾二十多年来世界局势的发展，一切的冲突与紧张才刚开始，哪来的终结好谈？当初听到这些学者的观点，我其实也只能笑一笑，因为知道——唯一的终结，是时间的终结。

什么是时间的终结？我们仔细观察，人类千百万年的发展，都被时–空绑住。而我们所有的苦难，都离不开时间的观念。

只是，说到底，时间本身不是痛苦的来源。痛苦的来源是——头脑把时间切割成过去、现在、未来，让我们随时忘记对生命而言，只有现在是真的，过去与未来全是头脑的投射。然而，我们哪一个人不是随时活在过去和未来？

懂了这本书到此的道理，连我们所称的“当下”，都还是个大妄想，也是头脑的产物。就连当下，也是因—果所制约出来的。

一个醒觉的人的当下，和我们的当下完全不一样。

我最多只能期待，有一天，我们完全可以跳出时—空，或者把时—空当作人生的工具，让时—空带来的业力完成它自己。但是，再也不把我们真正的自己和时—空绑在一起。

只有这样，我们才会集体地醒觉。

结语

我用了那么多篇幅，最多也只是牵着你的手，穿过时—空的长廊，让你找回你自己。

尽管写了那么多，我必须承认——每句话还是妄想，本身已经把整体局限到一个小角落，而不足以代表整体。

只是，倘若不这么建立一套完整的名词系统，我知道没有人能够听懂。然而，听懂任何道理，和真实其实还是不相关的。真实本身是透过头脑理解不来的。假如可以理解得来，每个人老早就醒觉了。

最多，真实只可能带来一些悖论，让我们来参透。而我这里，希望透过这个系统，帮你解开这些悖论。但是，还是希望你亲自去领悟。

虽然我用那么多话来表达那么简单的观念，同时又担心这些话会误导你，把一个那么简单、自然的状态复杂化，加给你不需要的误解。

我只是舍不得看着你我痛心，在人生留下那么多伤痕，又把生命活得无比绝望，才会鼓起勇气带出一条不同的路，让你从狭窄的人生走出来。

即使这些话本身没办法让人解脱，我还是相信——只要你去探讨、去参，透过前几本书的练习方法，自然会发现它们是最好的心理疗愈，为我们愈合人间带来的创伤。

我有信心，因为我知道——不光人间带来的创伤和问题是人类头脑的妄想，人间和世界本身也只是头脑的产物。所以，要去探讨每一个情绪、心理、人生的问题，是永远谈不完的，也找错了重点。

重点反而是把人间看穿，而把自己、把“我”的根源找到。

找到真正的自己，全部人生的问题跟着一起消失，甚至连人间也一起消失。

消失了，你不会不见踪影，刚刚好相反，你反而一口气可以呼吸到底，可以将天和地全部合一，把时间停下来，粉碎时－空，自然踏出人生的第一步。

也就这样子，你就已经重生了。

这种重生，是我们每一个人的权利，是我们来这个世界唯一的目的。

千万不要错过。

说到底，重生也还是一个比喻，最多只是来表达人生彻底的转变。其实，接下来没有什么人生好谈，一个人会突然发现一切既没有生过、也没有死过。

生生死死的是这个身心。

生死本身，是因－果的产物。

一个人醒过来了，根本不会和生死绑在一起，也没有什么重生好谈。

懂了这些，一个人其实也不会再计较生、死、重生、轮回。只是一心往前走，把每个瞬间当成一个练习的机会。或许更贴切一点的说法是，透过每个瞬间，最多只是把一切当作轻轻松松的游戏——

从个体不断回到一体。

从“做”不断回到“在”。

从“有”不断回到“空”。

我们要珍惜这难得的际遇——有这具身体，可以透过这一次的机会，探讨人生最大的问题。谁晓得这种机会，什么时候还可以重复？假如有一个选择或决定好谈，就让这个选择成为——醒觉。

也就轻轻松松决定——醒觉过来吧。

这一来，这一生醒不醒得来，也跟我们自己无关。

一路走到底，这个底是什么，也不在意了。

把人生看穿，也就是让自己落到一个无底洞。

再也没有什么东西可以抓，也没有什么经验好体验的。

人生最后的结果是什么，我们也不在意了。

在意也没有用，因为人间带来的任何结果，其实跟一体不相关。

最多我们只能说，任何结果离不开人生这场戏，还是反映我们的束缚。

我们唯一的结果，如果还有一个结果好谈，就是自由。

我们才真正体会到——人生没有什么目的，更没有什么意义好谈。

一切，本来就是涅槃。

Q 请问杨博士

怎么从《真原医》走到“全部生命系列”？

我从《真原医》开始谈身心的平衡与健康，再透过《静坐》介绍静坐的方法，与大家一起走向意识的转化，从身心迈入意识的层面。接下来，透过“全部生命系列”的作品，特别强调生命的整体，进入无色无形与“在”，希望从狭窄的现实世界，一起体会生命的永恒。

对现代忙碌的人而言，要从头脑的世界解脱，这一系列作品带出来的“臣服”与“参”可说是最直接、最有效率可以得到真实领悟的方法。不仅如此，就我多年的观察，对一个充满烦恼、遭遇人生重大失落的人，是最有效的心理疗愈。

我们头脑的理性与分析能力发展到这么先进的地步，自然会发现人类所追求的目标——无条件的快乐、无条件的爱、无条件的光明与永恒，是永远追求不来的。最多透过我们发达的头脑，做一个反转，让它自己停下来，而自然落到“心”。

Q 请问杨博士

为什么集中在这么短的时间，写下这么多的作品？

这一系列书籍与音频作品，都是从宁静流露出来，也是我几十年来想要表达的，只是一直没有机会。人到了一定的年龄，站在生命最深的层面看世界，自然会希望一口气讲个透明，甚至希望一次谈完，告一段落。

从这个层面，难免为身边许多朋友、包括自己惋惜。这一生，我们受到时—空、人间、因—果的限制，都认为自己很渺小。面对大大的世界，也多半自认无能为力。在这种制约下，即使一生一生地来，再重复多少次人生，最多也就是如此。

我这次希望把这些限制打开，用自己的一点体验，加上古人的加持，一起活出生命的全部潜能。

这一点，你我可能不敢相信，但它其实比我们所想的还更简单。

然而，也正因为人间的制约如此坚固，我才需要重复再重复，透过不同的角度，来谈这简单的观点，希望能落入我们的脑海，而成为意识的一部份。

Q 请问杨博士

透过这些作品想达到什么？要把大家带到哪里？

但愿透过这一系列的作品、各种随身练习，以及音声能量的陪伴，不仅在脑海建立一套全新的生命观，并突破理性的限制，由声音，穿入心，带来意识彻底的转变，让你我顿时充满希望、充满喜乐、充满决心，重新开始人生。

我们于是知道——生命是来爱护我们的，没有什么可以伤害我们，也没有谁刻意欺负我们，而整体生命远远大于你我这一生所活的各种状况。

如果我们每一个都可以做到，甚至只要有一小部份的人可以活出来，那么，这个地球就已经不一样了。我们活在这里，本身也就活出最高的意义，而将生命的希望、喜乐、爱带到周边。天堂也自然落到地球，落到心中。

“全部生命系列”

解构你我生命蓝图、提供全套快乐解决方案

快步调的现代社会，每个人都好忙好累。愈忙碌，却好像离快乐愈来愈远。为此，杨定一博士带出一套全面而完整的解决方案，解构你我的生命蓝图，重新活得扎实，找回生命本来就属于我们的快乐。继书籍《全部的你》《神圣的你》《不合理的快乐》之后，紧接着推出《我是谁》（书籍）、《光之瑜伽》（音频作品）、《真实瑜伽》（音频作品）、《呼吸瑜伽》（音频作品）、《集体的失忆》（书籍）、《落在地球》（书籍），为读者建立“全部生命”的理论基础，以及随身实修的音频陪伴，让我们一起活出一体生命的喜悦与希望。

杨定一博士《全部生命系列》

天才科学家中的天才 | 中国台湾狂销排行 NO.1
奥运冠军心灵导师耗时 10 年大爱力作 | 彻底优化并改写无数人的命运轨迹

进阶生活智慧　活出人生真实　收获生命丰盛

大健康领域开山之作
统领先进实证研究和
中西医科学文化

ISBN：978-7-5169-1512-7
定 价：69.00 元

让自己静下来，
是这个时代的非凡能

ISBN：978-7-5169-194
定 价：69.00 元

让睡个好觉
成为简单的事

ISBN：978-7-5169-1511-0
定 价：75.00 元

步入生命的丰盛，
成功和幸福滚滚而来

ISBN：978-7-5169-2004-6
定 价：65.00 元

从认知到意识，重新审视
认识全新的自己

ISBN：978-7-5169-2005-3
定 价：65.00 元

活出快乐，
其实比什么都简单

ISBN：978-7-5169-2006-0
定 价：99.00 元

从时间的桎梏中突围而出，
实现更清醒自主的人生进化

ISBN：978-7-5169-2008-4
定 价：69.00 元

如何让所有生命潜能
被彻底激活？

ISBN：978-7-5169-2007-7
定 价：59.00 元

扫码购书

杨定一博士 《全部生命系列》

天才科学家中的天才 | 中国台湾狂销排行 NO.1
奥运冠军心灵导师耗时 10 年大爱力作 | 彻底优化并改写无数人的命运轨迹

进阶生活智慧　活出人生真实　收获生命丰盛

找回集体失去的记忆，
让失落的心重现爱与光明

ISBN：978-7-5169-2281-1
定 价：55.00 元

一切都是头脑的产物，
打破有限自我、实现无限可能

ISBN：978-7-5169-2268-2
定 价：69.00 元

穿越人生的错觉，
唤醒每个人本来就有的真实

ISBN：978-7-5169-2266-8
定 价：59.00 元

即将出版

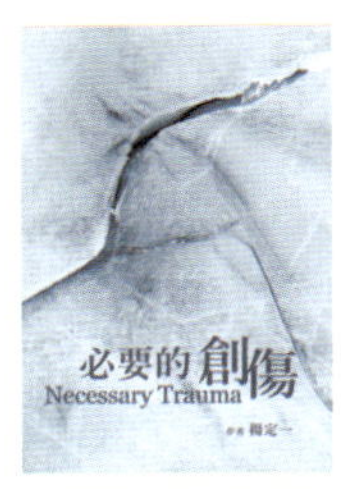

扫码购书

杨定一博士 《全部生命系列》

天才科学家中的天才 | 中国台湾狂销排行 NO.1
奥运冠军心灵导师耗时 10 年大爱力作 | 彻底优化并改写无数人的命运轨迹

进阶生活智慧　活出人生真实　收获生命丰盛

大健康领域开山之作
统领先进实证研究和
中西医科学文化

ISBN：978-7-5169-1512-7
定 价：69.00 元

“现代病”要用现代人的智慧来应对。当你知道“植化素”“螺旋动力学”“量子谐振” “疗愈定律”这些前沿科学研究，并且回归自己的内心，建立起身心平衡、整合的大健康理念时，你其实已经掌握了绝大多数的保健方式背后的真谛。

让本书强大的医学成果和生命智慧，陪你彻底参透人体健康的核心奥秘。当你知其然、更知其所以然，并以开放的心态去践行时，你和家人的健康才是真的坚不可摧。

扫码购书

杨定一博士 《全部生命系列》

天才科学家中的天才 | 中国台湾狂销排行 NO.1
奥运冠军心灵导师耗时 10 年大爱力作 | 彻底优化并改写无数人的命运轨迹

进阶生活智慧 活出人生真实 收获生命丰盛

让睡个好觉
成为简单的事

ISBN：978-7-5169-1511-0
定 价：75.00 元

当你被各种有关失眠的“科学”扰乱心智，甚至吓得焦虑不安，是否问过自己：它们真的科学吗？

真正的睡眠科学，并不会让你如临大敌，而是陪你从更宽广的视野、更深邃的视角来洞悉睡眠本质。因明白而安心，因安心而安睡。

本书正是你的安心丸。作者作为科学家中的天才，在整合了近百年睡眠科学并反思、践行 40 年后，将本质揭示给我们：失眠只是身心问题的果，而不是因。当不再把失眠当成一种病或障碍时，它是你深入疗愈自己与健康的入口。

到底睡多久才合适？何时睡才好？需要吃药助眠吗？一切本没有固定的模式要遵守。生命本来的样子就是轻松、自在、刚刚好。让我们在小睡、伸懒腰、打哈欠、呼吸、饮食、晒太阳、运动这些日常小事中，来参悟睡眠的大智慧，赢回一生大健康。

扫码购书

杨定一博士 《全部生命系列》

天才科学家中的天才 | 中国台湾狂销排行 NO.1
奥运冠军心灵导师耗时 10 年大爱力作 | 彻底优化并改写无数人的命运轨迹

进阶生活智慧　活出人生真实　收获生命丰盛

用断食让身心彻底净化、
轻松逆生长！

ISBN：978-7-5169-2319-1
定 价：89.00 元

在人人焦虑、身心失调的时代，本书是你实现生命逆袭的科学饮食指南——

将古人的疗愈智慧、自然疗法和现代的西方医学进行整合，从调整内分泌、恢复代灵活性、扭转慢性病体质等方面入手，引领你进入身心疗愈与意识转化的全新状态。

饮食是现代人最大的瘾之一，但也可以成为智慧。当你懂得透过正向的满足感和全的营养回路来吃好、吃饱，也就走上习惯转变的道路，走出饮食与体质的失衡，让心获得彻底的净化，使每一个细胞真正活起来、发挥全部潜能！

让一切从解开饮食与断食的疗愈奥秘开始。

扫码购书